木材热改性处理

邢 东 王立娟 李 坚 著

科学出版社

北 京

内 容 简 介

利用多学科知识交叉融合提出的木材热处理技术，已成为木材科学技术之一。本书系统地阐述了木材热处理技术的现状及发展趋势；介绍了一种可替代珍贵树种、价格低廉且操作简单的木材热处理工艺；探讨了工艺因子对落叶松热处理材物理、化学和微观力学性能的影响；分析了环境温度和几种保护介质对热处理落叶松材性的影响。本书为人工林落叶松的高效高附加值利用提供了技术支撑，扩大了速生落叶松的应用范围。

本书可供木材科学与技术、生物质复合材料、木材功能性改良、木材保护学以及生产等领域的研究人员、工程技术人员及相关专业的师生学习和参考。

图书在版编目（CIP）数据

木材热改性处理/邢东，王立娟，李坚著. —北京：科学出版社，2016.11
ISBN 978-7-03-050564-4

Ⅰ. ①木… Ⅱ. ①邢… ②王… ③李… Ⅲ. ①木材加工–热处理
Ⅳ. ①TS65

中国版本图书馆 CIP 数据核字（2016）第 269111 号

责任编辑：周巧龙　高　微 / 责任校对：贾娜娜
责任印制：张　伟 / 封面设计：陈　敬

科 学 出 版 社 出版
北京东黄城根北街 16 号
邮政编码：100717
http://www.sciencep.com

北京凌奇印刷有限责任公司 印刷
科学出版社发行　各地新华书店经销
*
2016 年 11 月第 一 版　　开本：720×1000　B5
2017 年 1 月第二次印刷　　印张：10
字数：202 000
POD定价：68.00元
（如有印装质量问题，我社负责调换）

前　言

落叶松人工林，是中国东北、内蒙古林区的主要森林组成树种，是东北地区主要三大针叶用材林树种之一。落叶松因松脂含量高、尺寸稳定性差等材性特征，限制了其在室内的应用。然而，化学改性剂的引入必然会加剧室内环境挥发性有机化合物的污染，降低室内空气质量，危害人体健康。在这样的情况下，我们引入了环境友好型的木材热处理技术。

目前木材热处理技术主要是利用氮气、真空、蒸汽或植物油等作为保护介质，而对生物质燃气热处理木材的研究相对比较缺乏。与其他传统的工业化木材热处理技术相比，生物质燃气高温改性处理在生产效率、产品质量和污染排放等方面有其独特的优势。针对我国木材产品市场日益突出的供需矛盾，开展生物质燃气超高温热处理技术的研究，对拓展生物质燃料的应用领域、丰富热处理工艺和改善人工林速生材的利用率与产品附加值具有极其重要的现实意义。

本书所介绍的成果源自国家自然科学基金资助项目（项目编号：31270597），在此特表示衷心的感谢。

相信本书的出版发行，将为木材热处理领域的拓展提供思路，并为进一步的生产实践提供理论支撑。

限于写作水平和时间，疏漏和不足之处在所难免，恳请读者指正。

著　者
2016 年 8 月

目　　录

1 绪 论

1.1 木材的化学组成

木材作为一种多孔性生物质材料具有复杂的微观结构，其主要由三种生物高分子组成：木质素（14%～33%）、半纤维素（25%～35%）和纤维素（35%～55%），见图 1-1。通过 β-1,4 串联在一起的葡聚糖（glucan）构成木材的重要组分——纤维素。纤维素高度取向地紧密排列并形成直径为 1～4nm 的基本纤丝，基本纤丝被木质素和半纤维素等基质环绕。半纤维素是由多种糖基构成的无定形多糖类化合物，在细胞壁中起到填充和黏结作用。多个基本纤丝组成一条直径为 10～30nm 的微纤丝并嵌入木质素基质中，以特定的夹角 [微纤丝角（MFA）] 有序地形成细胞壁。木材细胞壁不同壁层的化学组分结构、壁层厚度、纤丝角和木质素沉积量等差异较大。其中 S2 层次生细胞壁作为厚度最大部分，主要决定木材的机械性能等。最外层的初生壁（primary wall）和相邻细胞间的填充部分合在一起称为复合胞间层（CML）[1-3]。

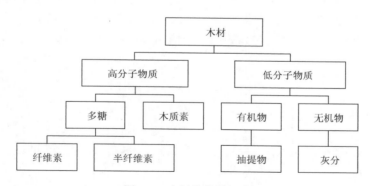

图 1-1 木材的化学组成

1.1.1 半纤维素

木材的半纤维素是由五元碳环（戊糖）和六元碳环（己糖）组成的支链化无定形聚合物的总称，占绝干木材总质量的 25%～35%。其中戊糖（pentose）、己糖

（hexose）、己糖醛酸（hexuronic acid）和脱氧己糖（deoxy-hexose）等是组成半纤维素的主要糖基，见图 1-2。

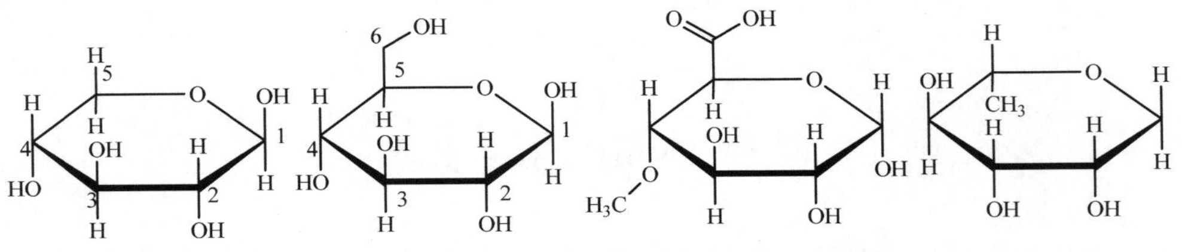

图 1-2　半纤维素的主要成分

1.1.2　纤维素

　　纤维素是木材中含量最高的组分，占绝干木材质量的 35%～55%，给木材赋予强度。纤维素分子主要是由 *β*-D-葡萄糖单元通过 *β*(1→4)键连接形成的线形直链大分子，一般纤维素的聚合度能达到 7000～16000，其化学结构见图 1-3。纤维素基本纤丝相互平行地合并在一起，中间填充着半纤维素和果胶从而形成了微纤丝，如图 1-4 所示。原纤丝中的纤维素之间通常是通过分子间羟基形成的氢键结合在一起的。在彼此位置接近的纤维素分子之间，范德华（van der Walls）力也起一定的作用。纤维素微纤丝规整排列的部分形成洁净区，而另一部分不够规整的称为无定形区。

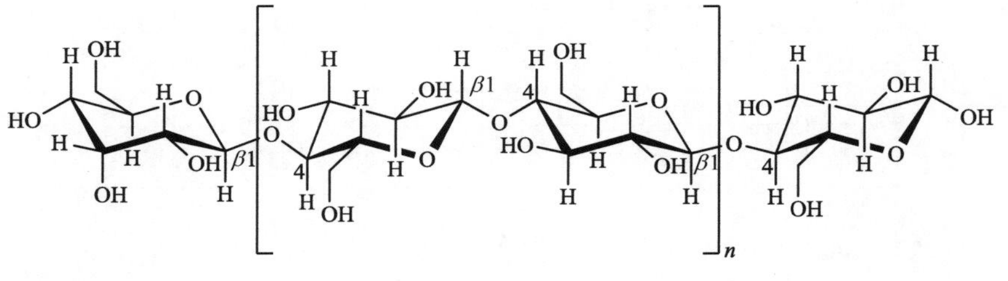

图 1-3　纤维素的化学结构

1.1.3　木质素

　　木质素是由对羟苯基（H）、愈创木基（G）和紫丁香基（S）以醚键、酯键和

碳碳键等连接构成的一类结构复杂的无定形芳
香性非晶态高分子聚合物，是具有复杂支链的
酚类物质。阔叶材树种木质素主要以愈创木基
和紫丁香基为主要结构单元，而针叶材以愈创
木基结构为主[4]。

　　木质素是木材中的第三个主要组分，包围
在纤丝、微纤丝等之间作为胶黏剂将纤维素捆
绑在一起，在木材细胞壁中起到硬固的作用。
针叶材中的木质素占绝干质量的 23%～33%；
阔叶材中的木质素占绝干质量的 16%～25%。
木材中的木质素主要以醚键（R—O—R′）连接
为主，也有少量的碳碳键（C—C），并且木材中
的木质素与纤维素、半纤维素间存在着共价键

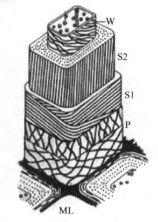

图 1-4　木材细胞壁结构示意图[1]
W：瘤层；P：初生壁；S1：次生壁外层；
S2：次生壁中层；ML：胞间层

（图 1-5），构成木质素-多糖复合体（LCCs）[4]。Adler 研究表明，根据不同分析测
试方法[5]，木质素的相对分子质量为几千到十几万[4]。木质素中所含的官能团种类
丰富，其中主要包括甲氧基、羟基、羧基和羰基等。

1.2　木材的热分解反应

　　木材作为有机高分子材料在高温状态下会发生明显的热分解反应。原则上说，
热分解反应是木材细胞壁物质的自催化反应，最终造成木材化学结构的转变。木
材的热分解反应和生成产物与木材所处的温度有直接关系。将乏氧或无氧状态下
木材热分解反应划分为四个阶段[6]。

　　（1）干燥阶段。在 150℃以下，木材的主要组分在此温度下基本保持稳定，
热分解速度非常缓慢，此时主要是热传递过程中木材内部水分（自由水和结合水）
的蒸发作用，几乎不发生化学反应。

　　（2）热处理阶段。当温度达到 150～250℃时，木材中高分子聚合物热运动
和自由体积逐渐增加，分子链段运动被激活。木材中相对不稳定的组分（半纤
维素）发生热分解反应，生成水、CO、CO_2、乙酸、乙二醛和呋喃等物质。此
时的温度达到木材热处理范畴。Brandt 等通过透射电子显微镜（TEM）和原子
力显微镜（AFM）对高温热解木材细胞微观结构进行研究[7]，结果表明 200℃
处理材半纤维素部分降解，微纤丝之间的结合更加紧密；而 225℃时半纤维素
完全降解；250℃时木材组分均大规模裂解，细胞壁层界限逐渐模糊。其微观
结构示意图见图 1-6。

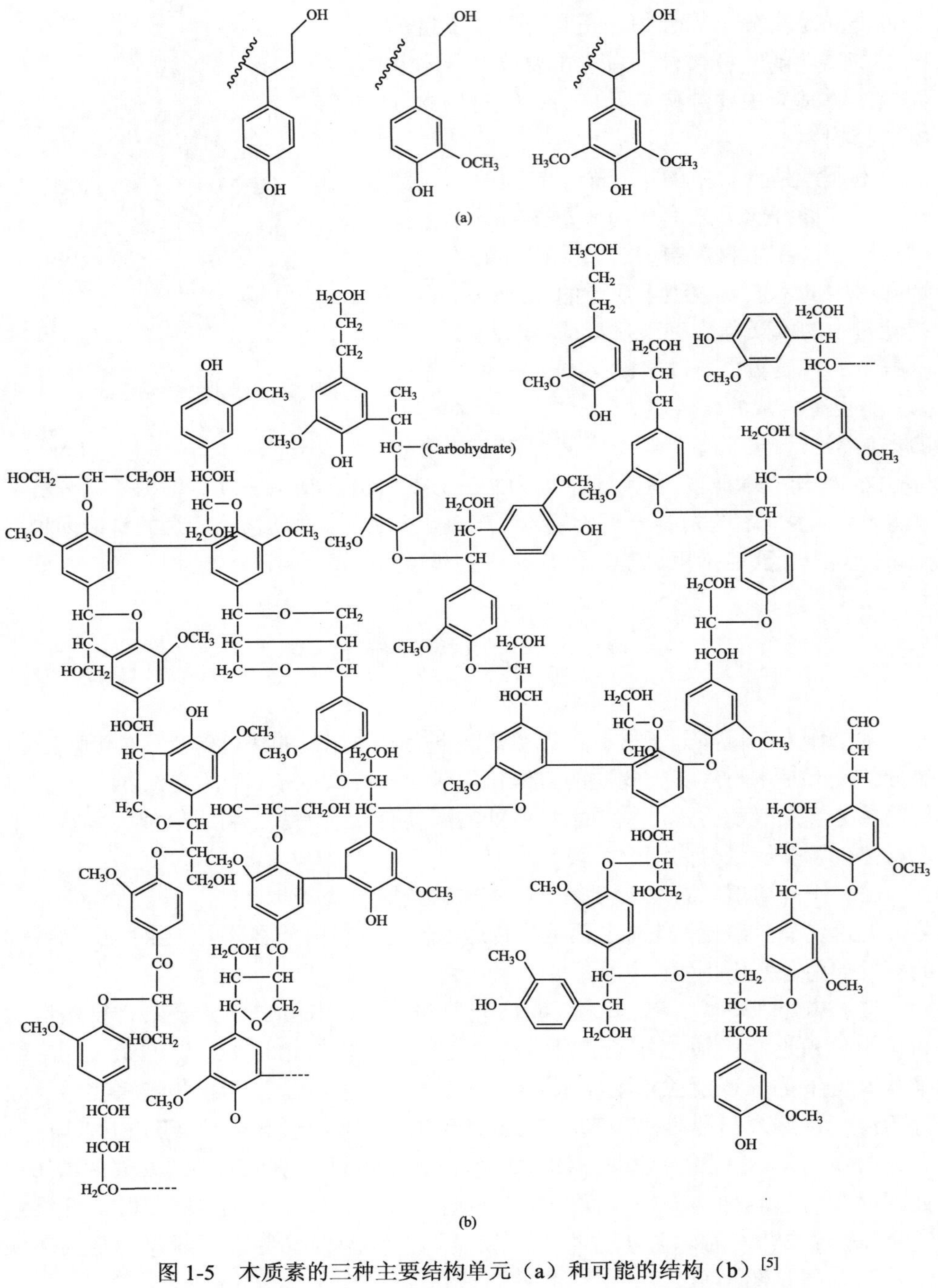

图 1-5　木质素的三种主要结构单元（a）和可能的结构（b）[5]

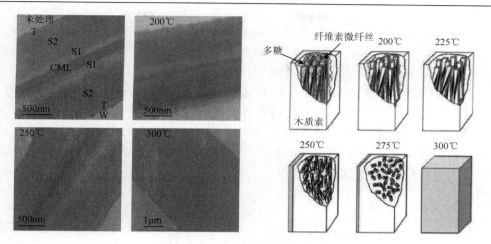

图 1-6　高温热解下木材细胞壁的微观结构变化[7]

（3）炭化阶段。当温度达到 250～450℃时，木材绝大部分物质均发生强烈的热裂解反应。同时释放可燃性气体、蒸汽等从而形成烟雾（甲烷、一氧化碳、甲醛、甲酸、乙酸、甲醇以及焦油液滴等）。Emmons 和 Atreya 研究了生物质材料热裂解过程中形成的 200 多种中间产物[8]。木质素主要形成残炭（55%）、残留焦油（15%）、木蜡酸（20%）。Lewellen 等给出了热裂解过程中纤维素可能的反应路径和质量损失的方向[9]，见图 1-7。纤维素一般不会直接燃烧，而其热解中间产物能在气相环境下进行有焰燃烧。

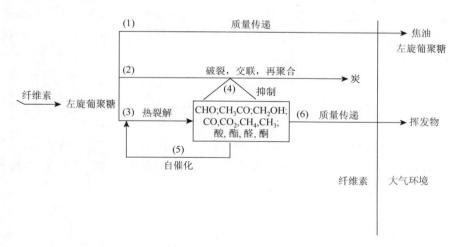

图 1-7　热解反应路径[9]

（4）煅烧阶段。当温度达到 450～500℃时，根据 DTA 研究，木材的第二个放热峰结束。木炭的石墨结构基本形成，同时继续释放可燃性气体（如碳、CO、H_2、甲醛和水等）。木材残炭继续通过外部提供的热量进行煅烧，排出木炭中剩余的挥发性物质，进一步提高其含碳量。

以上的四个阶段木材发生不同程度不同路径的热分解反应，由于木材组分的复杂化学结构，因此这四个阶段并没有严格的温度界限。其中第一阶段和第二阶段主要依靠外部供给热量来维持木材温度，此时的木材热分解反应属于吸热反应。第三阶段木材各组分均发生强烈的降解反应并释放热量，此时的木材热分解反应属于放热反应。第四阶段，木材剧烈的放热反应结束，木炭形成。

1.3　热处理木材的定义

高温热处理技术是一种环境友好型的木材物理改性技术。"热处理木材"是一种通过单纯的物理方法在选定的介质中高温裂解形成的木材产品。在超高温处理过程中，其生物结构、化学组成和基本性能均发生某些变化。

在无氧或乏氧环境下，通常用蒸汽、空气（乏氧）、氮气等气体或植物油为加热介质，将木材加热到 170～250℃，木材细胞壁组分在可控条件下发生有序热解反应。温度低于 170℃时，处理后木材的各项材性变化不大。当处理温度超过260℃时，木材细胞壁生物高分子发生分解，细胞壁层趋于一致，微纤丝变短使各向异性的木材细胞壁趋于各向同性的碳质残渣，故热处理温度须控制在 250℃以下[10]。在我国的加工企业和商业流通领域习惯称其为"炭化木"。由于热处理过程中木材的实质物质并没有炭化，因此俗称的"炭化木"是不确切的，荷兰称其为热改性木材，芬兰称其为热处理材。

1.4　热处理木材的特点

高温下木材组分的改性使热处理材吸湿吸水性降低，尺寸稳定性提高，呈现出怡人的高贵的材色。基于不添加任何化工原料、具有优良的材性和安全环保的特质，热处理木材日益受到消费者的欢迎。

1.4.1　尺寸稳定性良好

热处理后木材中亲水基团减少（主要是羟基）并形成了全新的纤维-木质素网络结构。热处理后木材吸水性、吸湿性明显降低，平衡含水率减小，改善了木材的尺寸稳定性，提高了木材的抗胀率和抗缩率。

1.4.2 生物耐久性提高

热处理材的生物耐久性得到了明显的改善。经过热处理后，木材的生物结构和化学组成发生不可逆变化，木材中的酸度发生变化、平衡含水率降低、半纤维素减少部分地破坏了微生物及虫类所需的条件。危害木材的微生物需要在适宜的氧气、水分、温度、酸碱度和营养物质等条件下才能栖息和生存。热处理后，木材中的半纤维素发生大量降解反应，同时形成酸类物质（主要为乙酸），木材中低分子营养物质挥发或降解。并且处理材的平衡含水率较原木材降低 50%左右。综上所述，热处理造成木材酸碱度、平衡含水率和营养物质的变化，破坏了原本适宜微生物生存的环境，从而改善了木材的耐久性。

1.4.3 颜色稳定、视觉舒适

高温热处理后，木材材色逐步地发生变化。一般木材的颜色变为浅褐色至褐色，与热带的珍贵木材颜色较为接近，且木材内外的颜色一致。热处理材的颜色与热处理工艺有直接关系，一般随热处理强度的增加，木材颜色逐渐变深。热处理材颜色较为深沉，具有温暖感和高贵感，能够营造出人们喜爱的环境。同时，热处理可以改善低质人工林树材的颜色，提高了其利用价值和应用范围。

1.5　国内外研究现状

高温热处理技术是一种环境友好型的木材物理改性技术。热处理木材的研究起源于 1937 年，Stamm 和 Hansen 通过科学方法对处理材进行研究并出版了研究结果[11]。1963 年，Kollmann 和 Schneider 将木材置于氧气环境下进行热处理试验[12]。1973～1975 年，Burmester 通过高温高压法对橡木心材性能进行了研究。1981 年 Giebler 将木材置于氮气保护环境下在烘箱中进行了热处理试验。随着热处理技术研究的推进，进一步形成了一些商业化处理工艺如德国的 Lignostone® 和 Lignifol® 及美国的 Staypak® 和 Staybwood®[13]。1990年以后随着热处理理论研究的丰富、现代化制造业的蓬勃发展和控制系统的不断成熟，热处理技术实现了大规模工业化生产并迅速在欧洲和北美得到了广泛欢迎，荷兰、法国、德国、瑞士、奥地利、芬兰和加拿大纷纷建立了自己的热处理生产线。

较低的氧含量可有效防止高温下木材的燃烧。各国使用不同的保护媒介，其中包括氮气保护、蒸汽保护、热油保护和真空保护等多种不同的热处理技术。热处理在湿气、乙酸的参与下，半纤维素上部分的乙酰基首先发生断裂[11]。根据不同的酸浓度和热处理温度，半纤维素作为反应活性最高的组分热解形成低聚糖和单体结构[13]。单糖单元发生脱水反应转化为醛类物质；戊糖类物质转化为呋喃甲醛，己糖类物质转化为羟甲基糠醛等。纤维素主要以晶体形式存在，故其耐热性明显高于无定形支链化的半纤维素。木质素是木材中反应活性最低的组分，在高温环境下木质素上复杂的连接键发生断裂，造成更高的酚类基团聚集，醛类物质和木质素发生缩合反应和木质素的交联反应[14]。

1.5.1　热处理工艺研究

工业化的热处理木材包括以下几种工艺：芬兰的 ThermoWood®（或者 Premium Wood®），法国的 Retification®（Retiwood®，New Option Wood）和 Le Bois Perdure®，荷兰的 Plato®，德国的油热处理（OHT®，Oil-heat treatment）工艺。其中德国的油热处理、法国的氮气保护热处理（Retification®）以及蒸汽热处理（Le Bois Perdure®）为一步法处理。而芬兰的 ThermoWood®工艺包括干燥、高温热处理和最终的冷却处理三个步骤，整个过程用时达到 72h。荷兰的 Plato®工艺包括热蒸汽处理、干燥过程以及冷却过程三个过程，总处理工艺长达 7 天。热处理工艺所需时间还需要根据木材树种、板材厚度、初始含水率等因素而确定。

1.5.1.1　ThermoWood®工艺

ThermoWood®商标是由芬兰热处理方法发展而来的木材制造工艺标识。1990年初，芬兰 VTT 技术研究中心实现了热处理技术的工业化。芬兰热处理木材产品的工业化产能在当年达到 40000m³，而随着更多热处理木材企业的兴起，随后几年产品输出量呈指数级增长。

ThermoWood®工艺在 20 世纪 90 年代末获得专利保护，同时此品牌在芬兰上市。在 ThermoWood®工艺中，针叶材和阔叶材树种的热处理工艺有着明显的区分，热处理的强度分两个级别 Thermo-S 和 Thermo-D[14]，见表 1-1 和表 1-2。Thermo-S工艺中 S 表示尺寸稳定（stability），处理材的平均径向干缩湿胀率为 6%～8%。而 Thermo-D 工艺中 D 代表耐久性（durability），根据欧洲标准 EN113 被划分为相对耐久，同时耐久等级达到 3 级。

表 1-1　ThermoWood®热处理材推荐的应用范围

Thermo-S		Thermo-D	
针叶材	阔叶材	针叶材	阔叶材
建筑构件	建筑装备	包装箱材料	
干燥中的装备	夹具	外门	
干燥中的固定件	夹具	百叶窗	主要产品通过 Thermo-S 处理，如需要更深材色则进行 Thermo-D 工艺处理
家具	地板	环境设施	
花园家具	桑拿结构	桑拿和浴室家具	
桑拿长椅	花园家具	地板	
门和窗的组件		花园家具	

表 1-2　ThermoWood®不同工艺处理对木材性能的影响

木材性能	针叶材（松树和云杉等）		阔叶材（桦树和白杨等）	
	Thermo-S	Thermo-D	Thermo-S	Thermo-D
热处理温度	190℃	212℃	185℃	200℃
耐候性	+	++	没有变化	+
尺寸稳定性	+	++	+	+
弯曲强度	没有变化	−	没有变化	−
颜色黑暗	+	++	+	++

注：+表示性能有所提高；++表示性能显著提高；−表示性能略有降低。

由于降低了木材的变形（干缩、湿胀和翘曲等），在涂饰过程中热处理材是一种优质的基材。高温热处理过程中，木材树脂从木材中溢出并去除，所以在使用时不会从漆层渗透出来。在相对稳定的环境下，ThermoWood®工艺表面漆层会保持更长的时间。为了延长其使用维护周期以减少费用支出，表面涂漆处理是完全有必要的，而其更长的使用寿命周期又恰恰减少了运输需求。ThermoWood®工艺处理材材色与热带阔叶材相近，在一些具体场合可替代稀有树种。替代使用可以减少运输压力并且拯救濒危的树种[15]。

1.5.1.2　法国的 Retification® 和 Le Bois Perdure® 工艺

法国的热处理木材特别是热处理阔叶材在欧洲市场中起到领军作用。热处理技术使具有耐久性的树种范围扩充成为可能。木材在一些高湿环境下（如露台、饰板、户外构件、儿童娱乐设施、花园家具等）改性处理是必要的。而热处理工艺恰恰提供了一种环境友好的（避免化学处理中金属盐的介入，如铜或砷）替代化学改性的选择。

Retification®工艺是一种惰性气体氮气保护环境下的温和降解工艺，目的在于改善木材尺寸稳定性、亲水性和耐腐朽性能。整个处理工艺中没有添加任何化工产品，是一种可以部分替代木材浸渍处理的方法，也可以部分替代珍贵和濒临灭绝树种。Retification®工艺是对气干材（平衡含水率约为12%）进行处理，将气干材放入特制处理箱中，以氮气为保护及传热气体（氧气浓度小于2%）加热至190～240℃。

Retification®工艺处理后木材干缩湿胀性及平衡含水率降低，热处理后半纤维素的降解与木质素的交联和缩合反应造成真菌难以识别，在一定程度上限制了真菌酶的水解反应[16]。同时其更低的平衡含水率也阻碍了真菌的繁殖。这也是Retification®工艺造成木材耐久性提高的原因。Retification®工艺对木材改性与乙酰化处理有相似的部分。而它们主要的不同之处在于热处理过程中的热解反应是内部成分相互反应，而没有外部化学改性剂的参与。

Le Bois Perdure®工艺是以蒸汽作为保护气体，将木材加热至200～240℃的热处理过程。这种工艺可以直接对生材进行处理，首先是木材快速干燥的过程，之后将木材加热至处理温度进行热处理。Le Bois Perdure®工艺的特点是处理周期相对较短（这取决于树种和处理材的厚度，需要7～16h），烘箱中的热能由天然气提供，并且处理过程中所产生的挥发性有机化合物（VOC）可被系统回收再利用，不仅减少能量消耗，还控制废气的排放。在烘箱的温度控制方面，这套系统由PCI industries INC开发，利用热电偶进行温度精确检测并执行各种温度调整。在处理结束需要降温时，这套系统通过注入水流实现降温过程。

1.5.1.3　荷兰的Plato®工艺

Plato®木材热处理技术是由荷兰Royal Dutch Shell发明的，通过不同处理步骤将水热解过程与干燥处理紧密结合在一起。由于热蒸汽的参与，木材细胞壁在大量水分参与的情况下发生水解反应，水热处理工艺（hydrothermal treatment process）使木材细胞壁在相对较低温度下保持较高的反应活性[17, 18]。在达到半纤维素降解程度的同时，需要控制相对温和的处理温度以限制副反应的进行，进而限制机械性能降低造成的不利影响。

Plato®处理技术包括4个主要工序：①将木材加热到150～180℃并通入高压饱和蒸汽保持4～5h；②木材常规干燥处理3～5天，保证木材含水率降至8%；③将木材加热到150～180℃进行热处理14～16h；④冷却调湿过程2～3天（根据最终使用环境决定）。同时应考虑树种及板材厚度等因素对处理周期进行微调。

Popper等利用Plato®工艺对不同处理温度木材吸湿性及湿胀率进行研究，结果表明热处理明显降低木材平衡含水率[19]。生产每平方米Plato®木材需要100欧元左右，包括操作费用、能量损耗、水以及车间损耗等，但不包括木材本身的费用。Plato®工艺处理木材主要用于表面饰板、庭院围栏、家具、电线杆、仓库以及码头用材等。

1.5.1.4 德国油热处理工艺

德国油热处理工艺是将木材放置于不锈钢密封处理罐中，利用工业用油或植物油作为传热介质，将木材加热至180～240℃进行高温热处理。油热处理工艺处理前须对木材进行预干燥处理。所选热油的沸点应高于木材热处理的最大温度。油热处理时，热油能够快速并且均匀地将热量传导到木材，同时热油能很好地阻隔木材与氧气的接触。整个处理过程均在处理罐内进行。

油热处理造成木材组分降解行为与气体保护下热处理没有显著差异，处理材材色变化与处理工艺有关。处理材冷却过程中热油持续进入木材中使处理材质量显著提高10%～30%。油热处理工艺处理材亲水性降低，抗微生物攻击的耐久性提高。这不仅与高温热处理有关，还与处理过程中进入木材内部的油对水分的排斥有关。油热处理后木材的握钉力显著降低，这个现象在其他热处理工艺（氮气、蒸汽热处理等）下也同样存在。油热处理后木材表面的抗紫外老化能力没有提升。因此，在室外环境使用时，油热处理木材还需要进行表面处理和漆膜保护。

油热处理过程由计算机辅助控制，其中主要控制参数包括：处理时间，油品消耗量，木材内部温度，载热油温度，腔内压力等。木材处理参数实时数据均在计算机中绘制，并通过绘制曲线预测最终样品的耐久性指标和力学性能指标。这套预测处理后产品性能软件由BFH德国联邦林产品研究中心（Federal Research Centre of Forestry and Forst Products，Hamburg，Germany）设计，并处于对处理产品品质评价的优化预测阶段。

油热处理木材的主要应用领域有木质房屋、游乐场设备、台阶镶板、室外镶板、阳台镶板以及门窗和车库的组件。一般来说，所有树种都可以进行油热处理，如挪威云杉、欧洲赤松已进行了大量油热处理。

1.5.1.5 生物质燃气热处理

生物质燃气热处理即通过生物质材料燃烧所形成的气体作为载热和保护介质，将木材加热至180～240℃的高温热处理工艺。第2章将展开讨论。

1.5.2 热处理材材性研究

1.5.2.1 尺寸稳定性

热处理技术的重要目标之一，即在绿色环保前提下提高木材的尺寸稳定性。

ASE 提高幅度则与具体热处理过程和使用树种等因素有关。高温条件下相邻纤维素链间的羟基通过氢键的架桥结合，发生脱水反应；同时木材中半纤维的大量亲水基团羟基被破坏，形成较憎水的新物质，减小了木材的吸湿吸水性和平衡含水率（EMC）[20]；热处理过程中木质素发生缩合反应使其交联程度增加，形成了全新的木质素网络结构，也对木材尺寸稳定性有贡献。顾炼百等[21]进行了热蒸汽热处理白蜡木性能的研究，试验结果表明热处理材的吸湿性降低约 51%，尺寸稳定性提高约 42%。李贤军等[22]对杉木进行了热改性处理，其平衡含水率降低至 17.73%～66.74%。曹金珍等[23]研究了热处理云杉的吸湿解吸动力学过程，结果表明当热处理温度高于 150℃时，木材吸水量随温度提高而显著降低。

1.5.2.2　质量损失率

木材质量损失率是热处理工艺最重要的特性之一，并且被广泛地用于预测处理材质量。Zaman 等将欧洲赤松（*Pinus sylvestris*）和白桦（*Betula pendula*）加热至 200～230℃保温 4～8h，结果表明松木质量损失率小于桦木[24]。Esteves 等研究了热处理海岸松（*Pinus pinaster*），其处理材的质量损失率与处理温度存在正相关[25]。Bourgois 和 Guyonnet[26]将南欧海松（*Maritime pine*）加热至 260℃，仅 15min 质量损失率已达到 18.5%，1h 后质量损失率达到 30%。Kim 等[27]将木材质量损失率（WL）和处理时间（P）联立，拟合模型为 WL（%）=$a-b$ ln$P$，相关系数（R^2）达到 0.9 左右，同时他们也建立了抗弯强度（MOR）与热处理参数之间的联系。Candelier 等[28]分别研究了氮气和真空热处理前木材质量损失率及阿拉伯糖、半乳糖、葡萄糖、木糖和甘露糖的含量变化，结果表明氮气处理下木材单糖含量更低。曹永建[29]研究了热处理温度为 170～230℃，热处理时间为 1～5h 的蒸汽热处理的杉木和杨木，其质量损失率分别为 0.62%～15.8% 和 0.5%～13.6%。Chaouch 等[30]研究了 230℃氮气保护热处理木材的抗腐朽特性，木材的质量损失率、抗白腐性能和主成分之间存在良好的关联，使通过碳含量或 C/O 比预测木材耐腐性存在可能。早期 Stamm 对道格拉斯冷杉（*Douglas Fir*）进行了研究，结果表明在 150℃下半纤维素降解速率是纤维素的 4 倍，是木质素降解速率的 8 倍[11]。

1.5.2.3　亲水性和吸湿性

当热处理温度超过 200℃和更长的处理时间，处理材的吸湿解吸行为发生变化[31]，造成其干缩湿胀率降低 50%以上[11]。Thunell 等研究表明热处理材吸水速率明显小于常规干燥木材，而水分解吸过程明显比常规干燥木材更快[29]。Viitaniemi 等[31]证明热处理使木材施胶和涂饰过程中水分渗透到木材的速度变慢，从而使水分承载胶黏剂和颜料的能力有所降低，同时涂漆后的热处理材尺寸变化小，漆膜剥落程度低，暴露在户外环境下漆膜质量有一定的提高。Repellin 和 Guyonnet[32]利用 DSC 对 Retification®工艺下山毛榉（Beechwood）进行了研究，认为山毛榉湿胀性的降低与亲水性半纤维素的降解有直接的关系。

1.5.2.4　耐腐性

多种树种通过不同工艺热处理后，其抗腐朽和抗霉变性能均有明显提高[33]，同时更高的处理温度和更长的处理时间可以使木材抗腐朽和抗霉变性能更好。Kamdem 等[34]认为热处理使木材产生了有毒物质从而激活了抵抗腐朽和霉变的能力。热处理过程中生成的有机酸特别是乙酸可能使木材酸碱性环境不适宜微生物入侵。上面提到的热处理材亲水性和平衡含水率的减小，使得处理材在同样环境下含水率更小，而很多腐朽菌和霉变菌对水分有极强的依赖性。

1.5.2.5　木材颜色

热处理后木材形成深褐色、深棕色。故处理材可作为部分热带珍贵天然阔叶树材的替代材料[35]。Ayadi 等[36]研究了氮气保护热处理木材的耐天然老化特性，结果表明热处理材的抗紫外光能力强于未处理材，但热处理材的深棕色在太阳光线暴露下并不稳定，逐步褪色变为暗淡的灰白色。木材中的发色物质发生降解反应，同时被户外环境侵蚀而从木材中流失从而造成木材表面变为灰白色。

1.5.2.6　机械性能

处理材机械性能的损失是热处理面临的最大难题。两步法 Plato®工艺造成木材机械性能显著降低，脆性显著增加，因此尽量减少机械强度的降低程度，Plato®工艺的热处理温度应控制在 200℃以下[37]。对于松木和山毛榉等树种，将木材质量损失率控制在 8%以内时，木材弹性模量变化不大[38]。Tjeerdsma 和 Militz[39]研究表明即使短时间的热处理，木材抗弯强度也没有提高，在生材状态下进行热处理其抗弯强度降低幅度大于对应的窑干材。Sundqvist[40]研究证明热处理过程中释放的羧酸类物质能够显著降低木材强度，同时利用碱性 pH 缓冲剂缓解了木材纤维素的降解。Santos[41]研究发现高强度热处理造成木材冲击强度大幅度降低（50%左右）。Sanderman 和 Augustin[42]研究表明木材硬度和抗磨性能受到热降解过程的严重影响。黄荣凤等[43]采用蒸汽介质对毛白杨进行了热处理，结果表明处理材抗弯强度有所降低，而抗弯弹性模量有所提高。Stamm[44]认为热处理材强度的损失与热处理类型有直接关系：封闭处理环境较开放环境强度损失更大；湿热、水热及空气环境下较乏氧环境强度损失更大。

1.5.2.7 细胞壁微观性能

Stanzl-Tschegg 等[45]比较研究了山毛榉（*Fagus sylvatica* L.）生长轮和晚材细胞壁的微观机械性能，认为热处理木材微观机械性能（弹性模量、硬度等）的提高与热处理后木材基质物质的交联反应和处理材平衡含水率的降低有关。Guo 等[46]利用纳米压痕仪（nanoindentation，NI）、原子力显微镜分别研究了蒸汽热处理和热压处理下云杉早晚材 S2 层细胞壁机械性能，蒸汽热处理使木材细胞壁弹性模量和硬度降低，而热压处理则使其略微增加。Brandt 等[7]对苏格兰松（*Pinus sylvestris* L.）进行了热裂解处理，200℃处理后细胞壁轴向弹性模量几乎不变，轴向硬度增加约 17%，而 300℃热裂解处理造成木材细胞壁层结构界线基本消失。热处理中木材细胞壁组分发生热降解及缩合反应，其细胞壁机械性能变化与热处理工艺、树种及所在部位等均有关。曹金珍等[47]复合使用聚乙二醇（PEG）浸渍和热处理改性杨木，结果表明杨木的 PEG 处理对其吸水率有明显的改善作用。李延军等[48]对热处理竹材细胞壁静态和动态机械性能进行了系统研究，结果表明热处理竹材弹性模量变化不大，硬度由 0.592GPa 增加到 0.692GPa。由于木材组分的化学结构变化[49-51]，木材细胞壁微观性能随之发生改变。

1.5.2.8 建立模型

Bekhta 和 Niemz[35]建立了处理材机械强度损失（抗弯强度和抗弯弹性模量）与处理材材色之间的关系，热处理在蒸汽或空气环境下木材降解速率明显高于保护气体是氮气或真空的。Esteves 和 Pereira[52]建立了预测松木（*Pinus pinaster*）和桉树（*Eucalyptus globulus*）热处理过程的 NIR 模型，对于质量损失率交叉验证，其协同系数达 96%～98%；对于处理材 EMC，协同系数达到 78%～95%；对于色度指数 L、a^* 和 b^*，协同系数为 66%～98%。

1.5.2.9 表面粗糙度

Priadi 和 Hiziroglu[53]研究了 200℃热处理 8h 木材试样，其粗糙度 R_z 和 R_a 平均降低 17.8%，这与木材解剖构造中细胞壁的变形有直接关系[54]。Korkut[55]对土耳其 4 种常用树种进行了研究，结果表明处理材 ASwE 和 ASrE、湿胀性和表面粗糙度都得到了提升，但同时热处理造成木材含水率降低。

1.5.2.10 反应活性

Inari 等[56]研究表明热处理后松木木粉的反应活性低于未处理材。位于综纤维素的木材多糖类组分含有大量自由羟基，在热处理过程中半纤维素的降解在很大程度上减少了这部分自由活性羟基的数量，从而降低了木材的反应活性。学者普遍认为热处理时半纤维素的降解程度明显大于其他大分子物质，但纤维素和木质素的相对稳定性很难检测[57]。Garrote 等[58]将桉树加热到 145～190℃，阐明了半纤维素的降解和热处理过程中糖类的形成。在封闭的环境下，木材降解产生的有机挥发性酸类物质进一步促进降解速率的提高。

1.5.3　热处理过程木材组分化学变化

木材多糖的流失主要发生在 180℃以上，而具体损失程度与处理条件紧密相关。然而毫无疑问，分离的木材组分热解行为与细胞壁中各组分协同作用下的复杂热解反应不同[59]。加热时木材内部的多种热解行为也造成吸热和放热反应同时发生。木材逐步加热时，水分和挥发性抽提物在 140℃左右开始流失。随后木材内部发生脱水反应，羟基含量降低。当温度进一步升高，检测到木材中形成的 CO 和 CO_2 等气体物质[26]。热处理环境/介质对化学反应有重要影响。木材在氧气环境下加热会形成大量羰基类基团；而乏氧或惰性环境会造成含氧基团减少，即便部分羟基的减少与羰基的增加有关。木材在氧气参与下加热会造成羰基含量先减少随后增加，其中羰基含量的减少主要归因于酯键和羧基的断裂，而羰基含量增加则是由氧化、羧化反应造成的[60]。热解过程中水分的参与也对反应过程有重要影响。木材加热过程中水分或水蒸气的存在可加速有机酸（特别是乙酸）的生成，并进一步催化半纤维素的水解反应[61]。大多数热处理在150～230℃下进行，因为此温度区间主要是半纤维素发生降解反应。纤维素在 210～220℃时开始发生降解，在270℃左右时纤维素降解处于主导地位[6, 29, 57]。

1.5.3.1　半纤维素

木材加热过程中，木材聚合物中热稳定较差的组分（半纤维素）首先发生降解，形成甲醇、乙酸和多种挥发性杂环类物质（呋喃、γ-戊内酯等）。半纤维素降解程度随处理温度的升高、时间的延长而逐步增加。半纤维素降解使木材结晶度提高，另外结晶度的提高也与无定形区纤维素的降解和重新排列有关。将木材持续加热至150℃，综纤维素含量降低，而纤维素含量保持不变，因此这与半纤维素含量的降低有直接关系。封闭环境下半纤维素降解速率更快，这主要与酸性蒸汽堆积并催化糖类水解有关。尽管对于半纤维素热稳定性弱于纤维素已成共识，但由于半纤维素组成单元和支链的多样性，其确切的热解开始温度存在较大差异。

半纤维素上的乙酰基热稳定性较差，加热时形成乙酸而造成多糖的酸催化降解，最终造成半纤维素的降解。Beall[62]等发现脱乙酰化反应增加了桦木木聚糖的热稳定性。半纤维素降解形成低聚糖和单糖类物质，进一步脱水形成呋喃类（戊糖）和羟甲基类呋喃（己糖）等。热处理过程木材主要的化学反应即半纤维素通过解聚反应形成五碳糖和六碳糖的降解反应，进而在脱水反应中形成呋喃甲醛、羟甲基糠醛或者左旋葡萄糖酮（levoglucosenone）等[30]，见图1-8。这些产物可通过蒸发流失或者进一步降解形成呋喃、甲醛、甲酸、乙酰丙酸等。

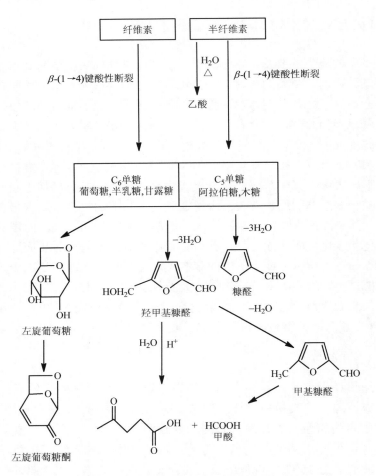

图 1-8　木材解聚反应以及多糖的降解产物

1.5.3.2　纤维素

　　无定形区的纤维素更容易受高温热降解影响，此区域的纤维素与半纤维素中己糖的热性能相似，见图1-8。Kim 等[63]认为结晶区纤维素的热解温度在 300～340℃范围内。水分参与下，纤维素降解反应随之减少，这可能是因为水分促使无定形区纤维素转变为结晶区纤维素（热稳定性更好）[64]。随着进一步的加热，纤维素链出现断裂，形成碱溶性低聚糖，同时结晶度降低。纤维素在氮气加热下羧基含量有所增加，同时纤维素材料颜色开始变黄。将纤维素加热至 170℃时可检测到 CO 和 CO_2，在空气下能生成更多此类气体。当纤维素位于木材细胞壁同时有其他大分子存在时，其热解反应有明显变化。这可能是由纤维素热解产物可与其他木材组分反应造成的。

1.5.3.3 木质素

Brosse 等[50]研究了热处理过程中山毛榉木质素的化学变化，热处理在极大程度上影响了木质素的化学结构。热处理后通过 CP MAS ^{13}C NMR 观测到相对分子质量降低；酚羟基的增加伴随着侧链碳原子（C_α、C_β 和 C_γ）NMR 信号的减弱均证明大量 α-和 β-芳基-醚键发生了断裂。木材加热过程中多糖的热降解使木质素的相对含量有所增加。木质素作为木材细胞壁中热稳定性最好的组分，在较低温度下热解可产生少量酚类降解产物[42, 51]。蒸汽热处理可造成木质素的 β-芳基-醚键断裂从而形成酚羟基类物质。Kim 等[63]在惰性气体下将杨木加热至 150～300℃。随温度的升高，木质素质量损失率逐步提高至 19%（300℃）。凝胶渗透色谱（GPC）分析表明木质素同时进行着甲氧基的缓慢断裂、丙烷支链的断裂、α-O-4 和 β-O-4 的断裂（解聚反应），也进行着木质素片段的缩合反应（热解过程时发生均裂反应，自由基结合形成 C_β—O），如图 1-9 所示。木质素降解片段中的自由基可以从相邻的 C—H 或 O—H 上提取质子[63]。木质素主要由芳香环以 C_α、C_β 和 C_γ 侧链和多样的功能性基团组成，因此其结构极其复杂，其热解反应是在较为宽泛的温度区间（150～800℃）发生的。随热处理温度升高，木质素芳环上 β-芳基-醚键断裂以及脂肪族甲氧基链断裂[65, 66]。同时蒸汽热处理也形成了木质素的缩合结构和脂肪族醇类物质。

1.5.3.4 抽提物

Kamdem 等[49]采用 CP/MAS ^{13}C NMR 和气质联用仪研究了 200～250℃热处理南欧海松（*Maritime pine*）过程形成的中间产物和沥出物成分，发现其主要为多环芳香烃类化合物等。Sarni 等[67]研究了橡木热处理材，结果表明鞣花单宁含量降低，同时鞣花酸含量有所提高。100～180℃热处理时，木材试样中仍有部分的树脂酸，而加热至 200℃时木材内部树脂酸完全迁移至木材表面。木材热处理过程中，挥发性抽提物以挥发性有机化合物形式排放至加热介质中。Manninen 等[68]将木材加热至 230℃保持 24h 后，木材仅释放少量萜类物质，同时检测到木材组分热解产生的呋喃类物质、乙酸和 2-丙酮等。与未处理材相比，热处理材大幅减少了萜类物质的释放水平，但同时也增加了乙酸的释放水平。木材中复杂的抽提物（树脂、单宁酸等）在加热过程中主要以挥发性气体形式流失，同时其含量也随热处理的进行而减少。热处理进程中抽提物迁移至木材表面，形成肉眼无法观测到的树脂斑痕，故应将处理材进行表面切削处理。

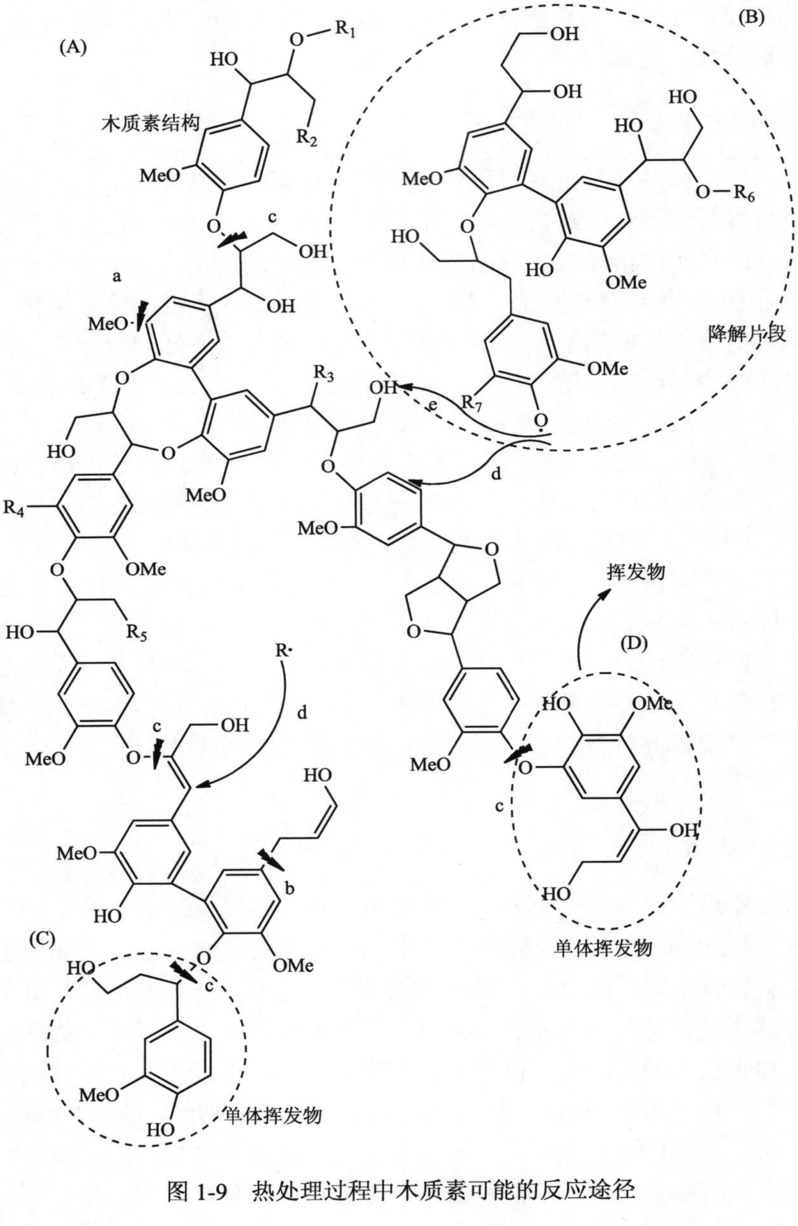

图 1-9　热处理过程中木质素可能的反应途径

1.6 存在的问题和发展趋势

1.6.1 存在的问题

近 20 年里，欧洲已形成了多种工业化热处理工艺及其相关处理设备，这也推进了热处理木材大范围的商业化进程。对于热处理过程中木材物理化学性能的变化，也在此期间得到世界各地科学家的广泛关注。热处理技术使木材尺寸稳定性得到改善，耐久性提高，处理材材色具有一定的可设计性，可部分地替代珍贵树种。热处理过程中不加入任何化学药剂，热处理木材是一种无毒、无污染和环境友好型材料。随着消费者生活水平和环保意识的提高，热处理木材在室内装饰用材中必将受到更广泛的青睐。然而热处理木材也存在一些缺点，如抗弯强度、抗冲击强度下降，脆性提高等。因此，在最大化地发挥热处理木材优势的同时，应尽量控制木材力学性能降低的幅度。同时也应该针对不同的应用场合和要求，提供最优化的热处理工艺条件以实现处理材的高效利用。

1.6.2 发展趋势

1.6.2.1 热处理木材市场发展方向

随着人民生活水平的提升，作为绿色环保的热处理木材将会受到更广泛的关注。我国热处理木材市场将会迎来更加蓬勃的发展机遇。在现有的热处理研究基础上，笔者重点研究以下几个方向：①广泛调研热处理木材的产品市场，并根据消费者对热处理木制品的实际需求进行分类，进而细化热处理工艺；②扩大热处理木材的树种范围，并根据每一树种的自身特性制定相应的热处理工艺，实现人工林树种的高附加值利用，同时达到缓解珍贵树材消耗的目的；③引进更先进的控制技术，实现木材热处理的精准自动控制；④建立我国热处理木材的产品质量标准，并对热处理产品进行分等分级，规范热处理木制品市场，保障企业热处理木材的质量良性循环机制，开发新的热稳定性好、环保、经济和能耗低的热处理保护及导热介质；⑤将木材热处理技术扩展到胶合板、WPC 等产品，进一步改善其尺寸稳定性和耐久性；⑥将热处理木材应用范围由地板、装饰材料、厨房浴室用材等推广至更多领域，如户外用材、集装箱材和室内家具等。

1.6.2.2 今后科研工作展望

（1）研究和开发热处理用催化剂，提高木材热处理过程热解反应速率，提高热处理工艺的效率，缩短热处理工艺的整个周期，降低热处理过程所耗费的能量。

（2）通过先进分析技术（如近红外光谱、X 射线光电子能谱等）实现快速、精准的热处理材性能预测及质量控制。根据热处理后木材本身的特性（如材色、C/O、热处理过程的质量损失率等）与处理材材性（机械性能、耐腐、耐老化和尺寸稳定性等）之间的联系，通过神经网络等各种方式建立预测模型，同样实现处理材的质量控制。由于木材树种间的差异，应根据每一树种对模型进行校准和优化处理。

（3）研究热处理后木材细胞壁微观结构的尺寸和力学性能的变化，从微观水平讨论热处理木材物理力学性能变化的机制。

（4）对热处理过程中半纤维素、纤维素和木质素的交互作用进行研究，同时应考虑热降解产物及抽提物等对半纤维素、纤维素和木质素的影响，并讨论不同pH 环境对热处理材各性能的影响。

（5）热处理工艺改善木材的尺寸稳定性和耐久性，赋予木材高贵、凝重的材色，亟待大力地扩展热处理木材的应用范围，由地板、装饰材料、厨房浴室用材等推广至更多领域，如户外用材、集装箱材和室内家具等。

参 考 文 献

[1] Fengel D，Wegener G. Wood-chemistry, ultrastructure, reactions[J]. Walter De Gruyter New York, 1984，42（8）: 314-314.

[2] Bledzki A K，Gassan J. Composites reinforced with cellulose based fibres[J]. Progress in Polymer Science, 1999, 24（2）: 221-274.

[3] Gindl W，Gupta H S，Schöberl T，et al. Mechanical properties of spruce wood cell walls by nanoindentation[J]. Applied Physics A，2004，79（8）: 2069-2073.

[4] 李坚. 功能性木材[M]. 北京：科学出版社，2011.

[5] Adler E. Lignin chemistry—past，present and future[J]. Wood Science & Technology，1977，11（3）: 169-218.

[6] 南京林产工业学院. 木材热解工艺学. 北京：中国林业出版社，1983: 4-14.

[7] Brandt B，Zollfrank C，Franke O，et al. Micromechanics and ultrastructure of pyrolysed softwood cell walls[J]. Acta Biomaterialia，2010，11（11）: 4345-4351.

[8] Emmons H W，Atreya A. The science of wood combustion[J]. Proceedings of the Indian Academy of Sciences, 1982，5（4）: 259-268.

[9] Lewellen P C，Peters W A，Howard J B. Cellulose pyrolysis kinetics and char formation mechanism[C]// Symposium（International）on Combustion，1977: 1471-1480.

[10] 黄彪，高尚愚. 木材炭化机理的研究——炭化方法和炭化条件对杉木间伐材炭化物物性的影响[J]. 林产化学与工业，2005，25（S1）: 95-98.

[11] Stamm A J，Hansen L A. Minimizing wood shrinkage and swelling: effect of heating in various gases[J]. Industrial & Engineering Chemistry Research，1937，29（7）: 831-833.

[12] Kollmann F，Schneider A. On the sorption behavior of heat stabilized wood[J]. Holz als Roh-und Werkstoff，1963, 21（3）: 77-85.

[13] Inoue M. Steam or heat fixation of compressed wood[J]. Wood & Fiber Science, 1993, 25 (3): 224-235.

[14] Shi J L, Kocaefe D, Zhang J. Mechanical behaviour of Québec wood species heat-treated using ThermoWood process[J]. Holz als Roh-und Werkstoff, 2007, 65 (4): 255-259.

[15] Rapp A O. Review on heat treatments of wood. European commission research directorate political co-ordination and strategy[C]. Proceedings of Special Seminar Held in Antibes, 2001.

[16] Dirol D, Guyonnet R. The improvment of wood durability by retification process[C]. The International Research Group on Wood Preservation. Section 4. Report prepared for the 24 Annual Meeting, 1993.

[17] Hanata K, Doi S, Kamonji E. Resistances of Plato heat-treated wood against decay and termite[J]. Wood Preservation, 2006, 32 (1): 13-19.

[18] Militz H. Heat treatment of wood by the PLATO-process[J]. Keystroke Reduction, 2005.

[19] Popper R, Niemz P, Eberle G. Untersuchungen zum sorptions-und quellungsverhalten von thermisch behandeltem holz[J]. Holz als Roh-und Werkstoff, 2005, 63 (63): 135-148.

[20] Frühwald E. Effect of high-temperature drying on properties of Norway spruce and larch[J]. Holz als Roh-und Werkstoff, 2007, 65 (6): 411-418.

[21] 顾炼百, 李涛, 涂登云, 等. 超高温热处理实木地板的研究及产业化[C]. 2006 年中国木材保护行业年会暨第三届中国国际木材保护技术（产品）交流会, 2006.

[22] 李贤军, 傅峰, 蔡智勇, 等. 高温热处理对木材吸湿性和尺寸稳定性的影响[J]. 中南林业科技大学学报: 自然科学版, 2010, 30 (6): 92-96.

[23] 曹金珍, 赵广杰, 鹿振友. 热处理木材的水分吸着热力学特性[J]. 北京林业大学学报, 1997, (4): 26-33.

[24] Zaman A, Alén R, Kotilainen R. Thermal behavior of Scots pine (*Pinus sylvestris*) and silver birch (*Betula pendula*) at 200-230℃[J]. Wood & Fiber Science, 2000, 32: 138-143.

[25] Esteves B, Marques A V, Domingos I, et al. Influence of steam heating on the properties of pine (*Pinus pinaster*) and eucalypt (*Eucalyptus globulus*) wood[J]. Wood Science & Technology, 2008, 41 (3): 193-207.

[26] Bourgois J, Guyonnet R. Characterization and analysis of torrefied wood. [J]. Wood Science & Technology, 1988, 22 (2): 143-155.

[27] Kim G, Yun K, Kim J. 1998. Effect of heat treatment on the decay resistance and the bending properties of radiate pine sapwood[J]. Material Und Organismen, 1998, 32 (2): 101-108.

[28] Candelier K, Dumarçay S, Pétrissans A, et al. Comparison of chemical composition and decay durability of heat treated wood cured under different inert atmospheres: Nitrogen or vacuum[J]. Polymer Degradation & Stability, 2013, 98 (98): 677-681.

[29] 曹永建. 蒸汽介质热处理木材性质及其强度损失控制原理[D]. 北京: 中国林业科学研究院, 2008.

[30] Chaouch M, Pétrissans M, Pétrissans A, et al. Use of wood elemental composition to predict heat treatment intensity and decay resistance of different softwood and hardwood species[J]. Polymer Degradation & Stability, 2010, 95 (12): 2255-2259.

[31] Viitaniemi P, Jamsa S, Ek P, et al. Method for improving biodegradation resistance and dimensional stability of cellulosic products[P]. WO, US5678324. 1997.

[32] Repellin V, Guyonnet R. Evaluation of heat-treated wood swelling by differential scanning calorimetry in relation to chemical composition[J]. Holzforschung, 2005, (59): 28-34.

[33] Viitaniemi P, Jämsä S, Ek P, et al. Method for increasing the resistance of cellulosic products against mould and decay[P]. EP, EP0695408. 2001.

[34]　Kamdem D P，Pizzi A，Jermannaud A. Durability of heat-treated wood[J]. Holz als Roh-und Werkstoff，2002，60（1）：1-6.

[35]　Bekhta P，Niemz P. Effect of high temperature on the change in color，dimensional stability and mechanical properties of spruce wood[J]. Holzforschung，2003，57（5）：539-546.

[36]　Ayadi N，Lejeune F，Charrier F，et al. Color stability of heat-treated wood during artificial weathering[J]. Holz als Roh-und Werkstoff，2013，61（3）：221-226.

[37]　Boonstra M，Tjeerdsma B F，Groeneveld H A C. Thermal modification of non-durable wood species. 1. The PLATO technology：thermal modification of wood. The International Research Group on Wood Preservation，Maastricht，Netherlands，June，14-19. IRG Secreteriat KTH，Stockhom. 1998，4：3-13

[38]　Schneider A，Rusche H. Sorption-behaviour of beech and sprucewood after heat treatments in air and in absence of air[J]. Holz als Roh-und Werstoff，1973，31（7）：273-281.

[39]　Tjeerdsma B F，Militz H. Chemical changes in hydrothermal treated wood：FTIR analysis of combined hydrothermal and dry heat-treated wood[J]. Holz als Roh-und Werkstoff，2005，63（2）：102-111.

[40]　Sundqvist B. Colour changes and acid formation in wood during heating[D]. Lulea：Lulea University of Technology，2004：27-43.

[41]　Santos J A. Mechanical behaviour of Eucalyptus wood modified by heat[J]. Wood Science & Technology，2000，34（1）：39-43.

[42]　Sanderman W，Augustin H. Chemical investigations on the thermal decomposition of wood. Part I：Stand of research[J]. Holz als Roh-und Werkstoff，1963，21：256-265.

[43]　黄荣凤，吕建雄，曹永建. 热处理对毛白杨木材物理力学性能的影响[J]. 木材工业，2010，24（4）：5-8.

[44]　Stamm A J. Solid Modified Woods[M]. Heidelberg：Springer，1975.

[45]　Stanzl-Tschegg S，Beikircher W，Loidl D. Comparison of mechanical properties of thermally modified wood at growth ring and cell wall level by means of instrumented indentation tests[J]. Holzforschung，2009，63（4）：443-448.

[46]　Guo J，Song K，Salmén L，et al. Changes of wood cell walls in response to hygro-mechanical steam treatment[J]. Carbohydrate Polymers，2015，115：207-214.

[47]　徐炜玥，朱愿，欧阳靓，等. 聚乙二醇和高温热处理复合改性对杨木吸水性的影响[J]. 林业机械与木工设备，2012（2）：23-26.

[48]　Li Y，Yin L，Huang C，et al. Quasi-static and dynamic nanoindentation to determine the influence of thermal treatment on the mechanical properties of bamboo cell walls[J]. Holzforschung，2014，69（7）：909-914.

[49]　Kamdem D P，Pizzi A，Triboulot M C. Heat-treated timber：Potentially toxic byproducts presence and extent of wood cell wall degradation[J]. Holz als Roh-und Werkstoff，2000，58（4）：253-257.

[50]　Brosse N，Hage R E，Chaouch M，et al. Investigation of the chemical modifications of beech wood lignin during heat treatment[J]. Polymer Degradation & Stability，2010，95（9）：1721-1726.

[51]　Windeisen E，Strobel C，Wegener G. Chemical changes during the production of thermo-treated beech wood[J]. Wood Science & Technology，2007，41（6）：523-536.

[52]　Esteves B，Pereira H. Quality assessment of heat-treated wood by NIR spectroscopy[J]. Holz als Roh-und Werkstoff，2008，66（5）：323-332.

[53]　Priadi T，Hiziroglu S. Characterization of heat treated wood species[J]. Materials & Design，2013，49：575-582.

[54]　Hill C A S. Wood modification：chemical，thermal and other processes[M]. West Sussex：John Wiley & Sons，2006.

[55] Korkut S. Performance of three thermally treated tropical wood species commonly used in Turkey[J]. Industrial Crops & Products, 2012, 36 (1): 355-362.

[56] Inari G N, Petrissans M, Gerardin P. Chemical reactivity of heat-treated wood[J]. Wood Science & Technology, 2007, 41 (2): 157-168.

[57] Shafizadeh F, Chin P P S. Thermal deterioration of wood[C]. ACS Symposium Series American Chemical Society, 1977: 37-37.

[58] Garrote G, Domínguez H, Parajó J C. Study on the deacetylation of hemicelluloses during the hydrothermal processing of eucalyptus wood[J]. Holz als Roh-und Werkstoff, 2001, 59 (1): 53-59.

[59] Beall F C, Eickner H W. Thermal degradation of wood components: A review of the literature[M]. Madison: Research Papers United States Forest Products Laboratory, 1970.

[60] Chow S Z. Infrared spectral characteristics and surface inactivation of wood at high temperatures[J]. Wood Science & Technology, 1971, 5 (1): 27-39.

[61] Mitchell P H. Irreversible property changes of small Loblolly-pine specimens heated in air, nitrogen, or oxygen[J]. Wood & Fiberence, 1988, 20 (3): 320-335.

[62] Beall F C. Thermogravimetric analysis of wood lignin and hemicelluloses[J]. Wood & Fiber Science, 1969, 3: 215-226.

[63] Kim J Y, Hwang H, Oh S, et al. Investigation of structural modification and thermal characteristics of lignin after heat treatment[J]. International Journal of Biological Macromolecules, 2014, 66 (5): 57-65.

[64] Bhuiyan M T R, Hirai N, Sobue N. Changes of crystallinity in wood cellulose by heat treatment under dried and moist conditions[J]. Journal of Wood Science, 2000, 46 (6): 431-436.

[65] Li M Y, Cheng S C, Li D, et al. Structural characterization of steam-heat treated *Tectona grandis* wood analyzed by FT-IR and 2D-IR correlation spectroscopy[J]. Chinese Chemical Letters, 2015, 26 (2): 221-225.

[66] Sheng C, Subrahmanyam A V, Huber G W. The pyrolysis chemistry of a *β-O*-4 type oligomeric lignin model compound[J]. Green Chemistry, 2012, 15 (1): 125-136.

[67] Sarni F, Moutounet M, Puech J L, et al. Effect of heat treatment of oak wood extractable compounds[J]. Holzforschung, 1990, 44 (6): 461-466.

[68] Manninen A M, Pasanen P, Holopainen J K. Comparing the VOC emissions between air-dried and heat-treated Scots pine wood[J]. Atmospheric Environment, 2002, 36 (11): 1763-1768.

2 热处理木材物理性能

木材是一种可再生的环境友好型天然高分子材料[1, 2]，具有出色的机械性能、较高的强重比和合理的价格，被广泛作为各种结构及非结构用材[3, 4]。但同时木材也具有吸水性、干缩湿胀性等，这主要是由木材多孔性结构和细胞壁的组成成分纤维素、半纤维素和木质素特性所决定的[5, 6]。水分子很难进入木材纤维素的结晶区，而木材中的半纤维素和非结晶区的纤维素部分对水分有很强的亲和性。木材随环境温湿度变化而出现的吸湿/解吸现象，使纤维素的非结晶区、半纤维素和木质素分子之间产生位移以及这些化学组分移动引起的细胞壁之间的位置移动和交错，最终造成木材缺陷的形成，如径向劈裂、裂痕及翘曲变形等，对木材高效利用产生消极影响。

其中提高尺寸稳定性的化学改性处理方法包括乙酰化处理、不同类型的乳浊液渗透、各种树脂的浸渍和甲醛处理等[3, 7]。纯物理的改性方法有覆面处理、填充细胞腔处理、细胞壁增容等。而具有绿色无任何化工原料添加的高温热处理技术也应运而生[8, 9]，能够有效减少木材亲水基团，从而提高木材尺寸稳定性，受到消费者广泛欢迎。

在高温热处理过程中，木材的细胞壁三大组分（半纤维素、纤维素和木质素）经历了不同程度的热裂解反应、再缩合反应和交联反应，这些不可逆的化学反应导致木材的物理性能发生变化[10]。高温热处理改善了木材的尺寸稳定性，平衡含水率降低，抵抗微生物的能力和耐久性提高[11-14]。同时热处理后木材颜色变深沉，整体上使人更亲近，但也造成木材的弹性模量、抗弯强度和冲击模量降低等[15-19]。

2.1 热处理工艺

木材高温热处理是指在没有任何添加物的环境下，通过载热和保护介质（气相或液相介质等）将木材加热到处理温度，木材细胞壁各组分发生一系列复杂的化学反应，造成木材各组分含量和组成变化，同时发生裂解、缩合反应等形成新物质，最终改变木材的材性。

2.1.1 热处理设备

1 英寸管式炭化炉（Thermo Scientific，Lindberg Blue M，TF55030C-1，USA）：

保护介质为氮气，最高温度 900℃，温度控制精度±1℃；实验室超高温热处理箱
（江苏省吴江华银科技有限公司）：保护介质为氮气，最高温度 400℃，温度控制
精度±1℃；自主研发的工业化生物质燃气热处理箱：保护介质为生物质燃气，最
高温度 260℃，温度控制精度±1℃，见图 2-1。

图 2-1　木材热处理设备

2.1.2　热处理参数及升温步骤

参阅欧洲成熟的热处理技术，根据落叶松木材热处理预试验同时结合热处理
落叶松木材产品的最终用途和使用要求，确定热处理温度范围和热处理时间范围
来进行试验。各热处理工艺见表 2-1。

表 2-1　落叶松木材热处理工艺参数

热处理工艺	热处理设备	热处理介质	热处理温度/℃	热处理时间/h
1			170	2
2			170	4
3			170	6
4			170	8
5			190	2
6	实验室高温热处理箱	氮气	190	4
7			190	6
8			190	8
9			210	2
10			210	4
11			210	6
12			210	8
13			150	6
14			160	6
15	工业化生物质燃气		170	6
16	热处理箱	生物质燃气	180	6
17			190	6
18			200	6
19			210	6

热处理工艺主要包括以下三个阶段。

（1）第一阶段：升高温度进行常规干燥，腔内温度被迅速加热到 103℃，升高木材芯层的温度，直到木材干燥至绝干材（含水率接近 0%）。根据前期的预试验，落叶松气干材干燥至绝干状态需要 10h。

（2）第二阶段：热处理阶段，高温干燥过程结束后，迅速向处理箱内充入保护气体（氮气或生物质燃气），并将腔内温度加热至热处理保温温度（170～210℃），到达预设的热处理温度后保持此温度 2～8h。

（3）第三阶段：自然冷却和调湿阶段，保温阶段完成后切断热源并停止通入保护气体，同时保持风机继续运转，热处理设备进行自然冷却，当温度降低至90℃时，根据产品的最终使用环境进行调湿处理（4%～7%）。

向工业化热处理设备通入生物质燃气作为保护气体进行热处理。其中产生生物质燃气的待用燃料是自然干燥并颗粒化处理的木材及生物质材料剩余物。点燃底部燃烧室的木粉之后，经历 4h 左右的升温使木材温度达到 103℃，将木材干燥至绝干。将燃烧所产生的气体作为保护介质和导热介质导入上层的热处理室并调整风量，进行热处理保温过程。达到降温过程时，控制进气，阻止生物质燃料的燃烧，处理材在密闭环境下自然降温到 100℃以下并进行喷蒸调湿。当处理室内温度降至 40℃时热处理结束并取出处理材。处理室内溢出的废弃气体通过低温高能等离子技术净化最终仅以水蒸气和 CO_2 的形式排入大气。生物质燃气热处理过程中，通过安装于墙体四周的 10 个热电偶传感器完成实时温度检测，并根据温度变化作出实时的温度调整，实现温度控制精度±1℃。

　　窑干材或湿材均可进行热改性处理。若待处理木材为湿材，应首先进行高温快速干燥处理。对于每一特定树种，需根据树种本身特点和木材尺寸对热处理工艺进行优化。降温时间长短与热处理温度、板材厚度等有关。若在自然冷却阶段过早取出热处理材，处理材和环境间存在较大温度差，会造成木材严重的开裂变形等。热处理温度控制曲线见图 2-2。

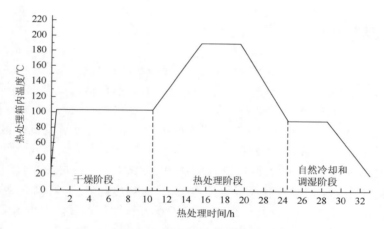

图 2-2　落叶松木材热处理温度控制曲线

2.1.3　生物质燃气热处理的特点

　　（1）生物质燃料的来源广泛，包括木材加工过程中的废弃物、木材加工后形成的木屑、各种农作物收割后剩余的秸秆等，大自然中各种生物质材料都可以为之所用，扩大了生物质材料的利用范围和领域。

　　（2）通过燃烧形成的生物质燃气为极其复杂的气体混合物。在木材干燥和热处理保温阶段，处理木材产生的树脂、木醋液、木焦油及其他挥发性物质通入燃烧室进行二次燃烧，从而形成 CO_2 和水蒸气。因此，生物质燃气热处理解决了热处理废液的再处理问题。

　　（3）生物质材料的有效利用，在一定程度上缓解了木材供不应求的供需矛盾，保护了木材资源。

（4）热处理过程中向大气排放的烟气（含有不完全燃烧成分）经过低温高能等离子技术处理，最终仅以水蒸气和 CO_2 的形成排放入大气中实现了绿色环保。根据《京都议定书》中相关条款的规定，生物质材料燃烧产生的 CO_2 不计入 CO_2 排量，因此生物质燃气热处理技术是一种纯绿色无污染、符合低碳环保原则的木材改性技术。

（5）生物质燃气热处理是一种快速、高效、温湿度精准控制的工业化木材热处理工艺。热处理过程采用非强制循环热气流的方式，整个处理过程消耗的电能很少。

2.2　试验与测试方法

2.2.1　试验材料

15 年生落叶松 *Larix gmelinii*（Rupr.）Kuzen 试材取自黑龙江省哈尔滨市木材市场。挑选径级大、生长缺陷少的落叶松原木。木材试样根据国家标准 GB/T 1927—2009《木材物理力学试材采集方法》、GB/T 1928—2009《木材物理力学实验方法总则》和 GB/T 1929—2009《木材物理力学试材锯解及试样截取方法》进行制作并编号。首先将试材置于 103℃ 恒温烘箱内常规干燥 48h。其中实验室高温热处理温度设置 3 个水平（170℃、190℃、210℃），热处理时间设置 4 个水平（2h、4h、6h、8h）。管式炭化炉精准控制热处理温度并对同一生长轮上所取的木材试样进行热处理，用于纳米压痕微观力学性能测试，温度设置 3 个水平（170℃、190℃、210℃），处理时间为 6h，板材厚度为 40mm。工业化生物质燃气热处理设置 5 个水平（170℃、180℃、190℃、200℃、210℃），处理时间为 6h，板材厚度为 40mm。

2.2.2　热处理木材密度

依照国家标准 GB/T 1933—2009《木材密度测定方法》进行测定热处理前后落叶松木材试样的基本密度。

2.2.3　热处理木材的吸水性

按照国家标准 GB/T 1928—2009《木材物理力学实验方法总则》、（GB/T 1927—2009）《木材物理力学试样采集方法》和 GB/T 1929—2009《木材物理力学试材锯解及试样截取方法》规定进行木材的采集制作，并做好标记。

将未处理和高温热处理后的木材试样放置于不锈钢水槽内，加入蒸馏水并利用不锈钢网将试样分隔、固定以保证试样全部浸泡在水面以下。试件分别浸泡 0.25 天、0.5 天、1 天、2 天、4 天、8 天、12 天、20 天和 30 天后取出并称量，木材吸水率 WA(t) 按照以下公式计算。

$$WA(t) = (m_t - m_0)/m_0 \times 100\%$$

式中：WA(t) 为浸泡 t 天后木材的吸水率，%；m_t 为木材浸泡 t 天后的质量，g；m_0 为木材试样的绝干质量，g。

2.2.4 热处理木材的尺寸稳定性

按照国家标准 GB/T 1932—2009《木材干缩性测定方法》、GB/T 1934.2—2009《木材湿胀性测定方法》，对高温热处理前后落叶松木材干缩率进行测试。通过以下公式计算木材全干和气干的干缩率，以及由全干到气干、全干到吸水时木材所对应的湿胀率。同时计算木材尺寸稳定性的主要评价指标：木材的抗胀率和抗缩率。

$$\beta_{max} = \frac{L_{max} - L_0}{L_{max}} \times 100\%$$

式中：β_{max} 为木材试样的径向或弦向全干缩率，%；L_{max} 为木材试样含水率大于纤维饱和点时的径向或弦向的尺寸，mm；L_0 为木材试样全干时径向或弦向的尺寸，mm。木材试样的体积干缩率与以上算法类似，这里不再赘述。

$$ASE = \frac{S_0 - S_{ht}}{S_0} \times 100\%$$

式中：ASE 为木材试样的抗胀率（ASwE）或抗缩率（ASrE），%；S_0 为热处理前木材的体积湿胀率或体积全干干缩率，%；S_{ht} 为热处理后木材的湿胀率或体积全干干缩率，%。

2.3 结果与讨论

2.3.1 热处理木材密度的变化规律

密度是物质具有的特有属性之一。木材的密度是木材的单位体积含有的质量，通常以 g/cm^3 表示。其外形由细胞壁物质及孔隙（细胞腔、细胞间隙和纹孔等）构成，因此密度分为木材密度和木材细胞壁实质密度。木材密度是木材中的一项重要指标，与木材力学性能有显著的关联性。木材密度受本身因子（树种、树龄、离地高度和抽提物等）和外界因子（含水率和温度等）影响。

实验室氮气和工业化生物质燃气热处理材及未处理材的基本密度测试结果见表 2-2。落叶松未处理材的边材和心材基本密度分别为 0.657g/cm³ 和 0.688g/cm³。测试结果表明，氮气热处理后的落叶松木材心材和边材的基本密度均有改变。氮气热处理落叶松边材的最大基本密度为 0.685g/cm³（处理温度 170℃，处理时间 4h），比素材的边材基本密度提高了 4.26%，这是由于热处理后落叶松木材质量损失的同时，尺寸也出现缩小，造成其密度小幅度地提高。热处理落叶松心材的最大基本密度为 0.660g/cm³，较素材降低了 4.07%。当热处理强度大于 170℃，4h 时，落叶松心材和边材的基本密度均有所降低。生物质燃气热处理后落叶松心材和边材的基本密度均有所损失，其基本密度最低分别降至 0.583g/cm³ 和 0.610g/cm³。尽管热处理保护介质不同，实验室氮气热处理与工业化生物质燃气热处理落叶松的心材和边材基本密度却保持同一水平。

表 2-2　热处理落叶松木材的基本密度

热处理温度/℃	热处理时间/h	热处理介质	边材基本密度/（g/cm³）		心材基本密度/（g/cm³）	
			平均值	标准偏差	平均值	标准偏差
—	—	—	0.657	0.0255	0.688	0.0307
170	2	氮气	0.656	0.0266	0.637	0.0323
	4		0.685	0.0161	0.624	0.0331
	6		0.680	0.0216	0.646	0.0277
	8		0.613	0.0226	0.660	0.0273
190	2		0.612	0.0204	0.617	0.0187
	4		0.598	0.0173	0.608	0.0259
	6		0.613	0.0197	0.582	0.0220
	8		0.610	0.0189	0.633	0.0251
210	2		0.628	0.0181	0.640	0.0241
	4		0.650	0.0178	0.603	0.0195
	6		0.635	0.0209	0.631	0.0238
	8		0.622	0.0287	0.620	0.0260
150	6	生物质燃气	0.659	0.0221	0.655	0.0201
160			0.646	0.0195	0.603	0.0281
170			0.624	0.0157	0.583	0.0247
180			0.619	0.0186	0.609	0.0244
190			0.617	0.0177	0.592	0.0191
200			0.610	0.0167	0.629	0.0236
210			0.626	0.0164	0.615	0.0212

　　高温热处理造成落叶松心材和边材密度变化，其变化规律见图 2-3。170℃氮气热处理使落叶松边材密度有小幅提高，总体上对落叶松密度影响不大。而 190℃和 210℃热处理造成落叶松边材基本密度损失 9.0%～10.6%，心材基本密度损失7.0%～15.4%。同一热处理温度下，保温时间对处理材的基本密度影响不大。由图 2-4 可知，未处理落叶松心材密度明显高于热处理。热处理后木材密度呈现降低的趋势，这与木材实质物质的热裂解反应有直接关系。热处理后心材和边材基本密度的差距被缩小，基本趋于一致。

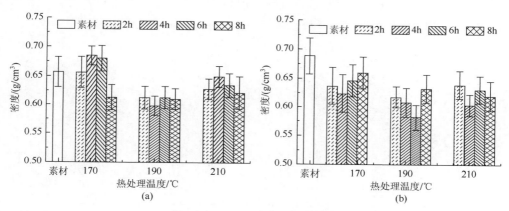

图 2-3　落叶松热处理材基本密度的变化规律

（a）边材；（b）心材

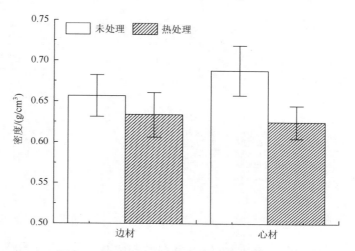

图 2-4　落叶松热处理心材和边材的基本密度

2.3.2　热处理木材的吸水性

木材的吸水性是指将木材浸于水中所具有的吸收水分的能力。吸收水分的质量随着木材在水分中浸渍时间的延长而逐渐增加，而随着时间的进一步延长，吸收水分的速率放缓并趋于稳定，达到水分吸收解吸的动态平衡。木材的吸水性与其微观孔隙结构、半纤维和抽提物的性质有关。

在不同浸泡时间下，实验室氮气热处理和工业化生物质燃气热处理前后落叶松的吸水率测试结果见图 2-5 和图 2-6。

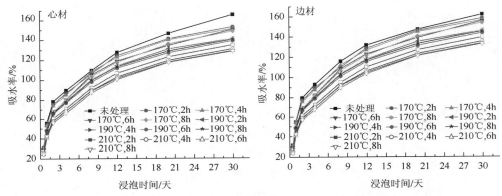

图 2-5　氮气热处理前后落叶松木材的吸水率随浸泡时间的变化规律

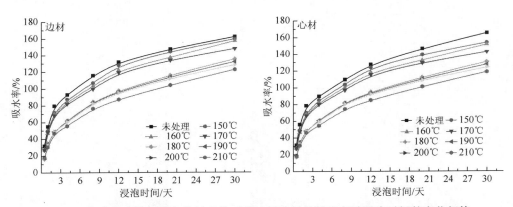

图 2-6　工业化生物质燃气热处理前后落叶松木材的吸水率随浸泡时间的变化规律

由图 2-5 得出，不同条件下的氮气热处理材吸水率随浸泡时间的变化规律与落叶松未处理材一致。在浸泡过程的前 6 天，木材试样边材和心材的吸水率迅速升高到 40%～100%，随后吸水速率逐渐放缓；同时所有的热处理试样吸水速率均小于对应的未处理材。热处理温度和时间均对处理材吸水率有影响，比较而言热处理温度对处理材吸水率影响更大。

由图 2-6 得出，生物质燃气热处理材吸水率变化规律与氮气处理材一致。生物质燃气热处理温度为 150～170℃时，热处理心边材吸水速率降低幅度不大，并且与 180～210℃热处理材有明显差距。也就是说，为了有效降低落叶松处理材吸水率，生物质燃气热处理温度应该达到或超过 180℃。

木材试样经过 30 天的浸泡后，氮气及生物质燃气热处理落叶松心材和边材的吸水率测试结果见表 2-3。结果表明，氮气热处理使落叶松心材和边材吸水率分别由165.3%和 162.2%降低到 128.5%和 132.9%（210℃，8h）。生物质燃气热处理也使心材和边材的吸水率降低到 118.7%和 122.7%（210℃）。总体上，随热处理温度的升高和时间的延长，落叶松吸水率均呈现降低的趋势。落叶松心材和边材之间的吸水率差异性本身不大，同时热处理后两者之间的差异性也不显著。比较浸泡 30 天后不同介质热处理材吸水率发现，相同保温温度和保温时间下生物质燃气热处理材吸水率更低。

表 2-3　浸泡 30 天后热处理落叶松吸水率测试结果

保护介质	处理温度/℃	保温时间/h	边材吸水率/%	心材吸水率/%
—	—	—	162.2	165.3
氮气	170	2	158.5	152.9
		4	156.4	150.9
		6	155.8	150.3
		8	153.9	148.5
	190	2	146.1	141.1
		4	146.2	141.2
		6	143.8	138.9
		8	145.4	140.4
	210	2	139.4	134.7
		4	135.3	130.7
		6	133.5	129.0
		8	132.9	128.5
生物质燃气	150	6	159.6	153.9
	160		157.3	151.7
	170		147.8	142.7
	180		135.2	130.7
	190		132.0	127.6
	200		128.2	124.0
	210		122.7	118.7

2.3.3　热处理木材的尺寸稳定性

　　木材的湿胀干缩行为是指木材由潮湿状态干燥到纤维饱和点的过程中其尺寸不变；继续干燥时，木材中的吸附水开始蒸发，木材体积开始收缩。同样将木材置于潮湿环境时，若木材含水率低于纤维饱和点，木材将吸附周围水分，同时木材体积会膨胀，这就是木材的干缩湿胀现象。因此，在木材加工之前，应该将木材原料干燥处理到其应用环境的平衡含水率，以减少木制品干缩湿胀对产品质量的影响。

2.3.3.1　干缩性

　　表 2-4 和表 2-5 为实验室氮气保护下不同热处理工艺条件下落叶松心材和边材的全干与气干干缩测试结果。

表 2-4　氮气热处理落叶松全干干缩性的变化

编号	处理温度/℃	保温时间/h	径向全干干缩率/%				弦向全干干缩率/%				体积全干干缩率/%			
			边材		心材		边材		心材		边材		心材	
			Avg	Std	Avg	Std	Avg	Std	Avg	Std	Avg	Std	Avg	Std
0	—	—	5.47	0.64	5.34	0.46	11.77	1.08	11.44	0.77	16.64	1.82	16.22	1.55
1		2	4.75	0.43	3.97	0.40	10.44	0.69	10.30	0.88	15.52	1.14	13.90	1.75
2	170	4	4.34	0.42	3.76	0.39	9.92	0.53	8.86	0.43	13.87	0.74	12.32	1.02
3		6	3.58	0.38	2.84	0.34	9.72	0.94	8.67	0.55	12.99	1.12	11.29	0.72
4		8	2.83	0.34	2.25	0.27	8.20	0.62	7.22	0.38	10.83	0.83	9.34	0.86
5		2	3.05	0.35	2.52	0.32	8.49	0.57	7.50	0.59	11.32	0.67	9.86	0.63
6	190	4	2.76	0.33	2.14	0.29	8.12	0.63	7.14	0.53	10.68	0.54	9.15	1.23
7		6	2.25	0.25	1.67	0.23	6.99	0.57	6.07	0.49	9.11	0.66	7.66	0.55
8		8	2.07	0.18	1.41	0.24	5.52	0.68	4.68	0.60	7.50	0.78	6.04	0.49
9		2	2.27	0.27	1.69	0.33	6.67	0.47	5.77	0.48	8.81	0.94	7.38	0.74
10	210	4	1.93	0.28	1.34	0.26	4.59	0.52	3.79	0.39	6.45	0.51	5.10	0.45
11		6	1.87	0.23	1.26	0.22	4.08	0.43	3.31	0.36	5.89	0.55	4.54	0.43
12		8	1.72	0.16	1.12	0.21	3.95	0.40	3.18	0.36	5.61	0.44	4.28	0.41

　　注：Avg 为平均值；Std 为标准差。

表 2-5 氮气热处理落叶松气干干缩性的变化

编号	温度/℃	时间/h	径向气干干缩率/%				弦向气干干缩率/%				体积气干干缩率/%			
			边材		心材		边材		心材		边材		心材	
			Avg	Std	Avg	Std	Avg	Std	Avg	Std	Avg	Std	Avg	Std
0	—	—	4.31	0.54	3.70	0.38	8.31	0.58	7.75	0.56	12.26	0.70	11.16	0.67
1	170	2	3.61	0.38	3.33	0.34	7.45	0.55	6.54	0.51	10.79	0.55	9.66	0.62
2		4	3.43	0.34	3.16	0.22	6.81	0.52	5.94	0.35	10.00	0.63	8.91	0.36
3		6	3.26	0.36	3.00	0.35	5.99	0.45	4.74	0.44	9.06	0.42	7.60	0.55
4		8	2.71	0.40	2.48	0.26	5.80	0.34	4.17	0.32	8.36	0.58	6.54	0.48
5	190	2	2.88	0.21	2.64	0.32	5.73	0.35	4.68	0.41	8.44	0.58	7.19	0.54
6		4	2.47	0.31	2.25	0.30	5.08	0.49	3.72	0.39	7.43	0.66	5.88	0.60
7		6	1.95	0.28	1.75	0.31	4.80	0.44	3.13	0.49	6.65	0.52	4.83	0.44
8		8	1.65	0.20	1.47	0.24	3.55	0.34	2.62	0.30	5.14	0.45	4.05	0.46
9	210	2	1.78	0.27	1.59	0.25	4.20	0.41	2.84	0.34	5.90	0.49	4.38	0.42
10		4	1.38	0.13	1.19	0.36	3.15	0.38	2.49	0.23	4.48	0.60	3.65	0.35
11		6	1.21	0.23	1.07	0.21	2.96	0.19	2.25	0.32	4.13	0.41	3.29	0.32
12		8	0.99	0.12	0.79	0.18	2.68	0.33	2.22	0.30	3.65	0.28	2.99	0.21

注：Avg 为平均值；Std 为标准差。

热处理后，落叶松边材径向的全干干缩率由 5.47%降低到 1.72%～4.75%，心材由 5.34%降低到 1.12%～3.97%；边材弦向的全干干缩率由 11.77%降低到 3.95%～10.44%，心材由 11.44%降低到 3.18%～10.30%；边材的体积全干干缩率由 16.64%降低到 5.61%～15.52%，心材由 16.22%降低到 4.28%～13.90%。

相同处理温度下保温时间越长，处理材的全干干缩率越小；同样地，同一保温时间下处理温度越高，处理材的全干干缩率越小。落叶松弦向的全干干缩率接近径向全干干缩率的两倍，这是由木材特有构造造成的。心材和边材在径向、弦向和体积上的全干干缩率有明显差异，大部分情况下边材的全干缩率大于心材。总体上，氮气热处理可以显著降低落叶松的全干干缩率。

实验室氮气热处理后，落叶松的气干干缩率与全干干缩率的变化规律基本一致。边材的气干干缩率略大于心材（径向、弦向和体积）。一般来说，同一处理温度条件下，热处理落叶松木材的气干干缩率由大到小依次处理时间是 2h＞4h＞6h＞8h。同一处理时间条件下，热处理落叶松心材和边材的气干干缩率由大到小依次是 170℃＞190℃＞210℃。换句话说，随热处理强度的提高，心材和边材气干干缩率均逐渐降低，并且心材和边材气干干缩率之间的差值也随热处理强度的提高而逐渐变小。也就是说深度热处理后心边材干缩行为基本趋于一致。

根据实验室氮气热处理落叶松心材和边材全干与气干干缩率的变化规律研

究，进一步进行工业化生物质燃气热处理材的干缩性试验，测试结果详见表 2-6。生物质燃气热处理后落叶松边材和心材的径向全干干缩率分别由 5.47%和 5.34%（未处理的径向全干干缩率）降低到 1.89%～5.38%和 1.36%～4.27%（热处理后的经向全干干缩率）；边材和心材弦向的全干干缩率分别由 11.77%和 11.44%降低到 4.30%～11.04%和 4.21%～10.86%；边材和心材的体积全干干缩率分别由 16.64%和 16.22%降低到 5.88%～16.22%和 4.17%～14.73%。生物质燃气热处理后，落叶松气干干缩率小于全干干缩率，但其变化规律与全干干缩率基本相同。

表 2-6　工业化生物质燃气热处理落叶松木材的干缩性

编号			13	14	15	16	17	18	19
处理温度/℃			150	160	170	180	190	200	210
径向全干干缩率/%	边材	平均值	5.38	4.42	4.84	3.86	2.92	2.53	1.89
		标准差	0.64	0.11	0.98	0.34	0.29	0.36	0.14
	心材	平均值	4.27	3.02	3.78	2.90	2.32	1.85	1.36
		标准差	0.69	0.45	0.58	0.26	0.13	0.17	0.20
弦向全干干缩率/%	边材	平均值	11.04	8.83	7.66	6.78	5.35	4.97	4.30
		标准差	0.80	0.63	0.70	0.30	0.25	0.99	0.25
	心材	平均值	10.86	9.13	6.08	5.19	4.63	4.44	4.21
		标准差	0.56	0.44	0.49	0.21	0.18	0.70	0.18
体积全干干缩率/%	边材	平均值	16.22	14.80	12.17	10.43	8.40	7.63	5.88
		标准差	4.27	0.50	1.13	0.58	1.72	1.15	0.70
	心材	平均值	14.73	11.75	9.46	7.69	6.28	5.20	4.17
		标准差	1.28	0.94	0.80	0.66	0.86	0.63	0.55
径向气干干缩率/%	边材	平均值	3.44	3.32	2.65	2.61	1.54	1.61	1.10
		标准差	0.14	0.33	0.23	0.11	0.09	0.46	0.37
	心材	平均值	2.73	2.27	2.07	1.96	1.23	1.18	0.79
		标准差	0.34	0.25	0.30	0.18	0.05	0.17	0.08
弦向气干干缩率/%	边材	平均值	7.25	5.90	4.69	4.30	3.74	2.99	2.81
		标准差	0.96	0.71	0.85	0.52	0.14	0.49	0.24
	心材	平均值	6.03	4.31	3.94	3.51	3.26	2.47	2.31
		标准差	0.56	0.44	0.51	0.36	0.18	0.35	0.23
体积气干干缩率/%	边材	平均值	9.32	8.75	8.01	6.73	5.10	4.40	3.37
		标准差	0.62	0.58	0.75	0.59	0.70	0.34	0.97
	心材	平均值	8.08	6.03	5.53	5.02	4.26	3.44	3.10
		标准差	0.64	0.31	0.73	0.46	0.21	0.44	0.13

生物质燃气热处理能够有效地降低心材和边材的干缩率，随处理温度升高，径向、弦向和体积全干/气干干缩率均有显著降低。同时比较实验室氮气与工业化生物质燃气处理材的干缩率数据，同等处理工艺条件下，两者的处理材干缩性表现基本一致。换句话说，在处理材干缩率变化上，生物质燃气和实验室氮气热处理具有同等的效力。

2.3.3.2 湿胀性

表2-7为氮气热处理材全干到吸水的径向、弦向和体积湿胀性试验结果。热处理后落叶松边材和心材全干到吸水的径向湿胀率由5.48%和4.69%降低至1.33%～4.85%和1.14%～4.15%，最大降幅甚至达到75%左右。弦向和体积的全干到吸水湿胀率降幅也达到65%～67%。热处理时间和温度对处理材的湿胀性均有显著影响。随热处理温度的升高和保温时间的延长，处理材的径向、弦向和体积湿胀率均明显降低。190℃以上的热处理后落叶松全干到吸水的湿胀率明显小于未处理材。

表2-7 氮气热处理落叶松全干到吸水的湿胀率

编号	处理温度/℃	保温时间/h	全干到吸水径向湿胀率/%				全干到吸水弦向湿胀率/%				全干到吸水体积湿胀率/%			
			边材		心材		边材		心材		边材		心材	
			Avg	Std	Avg	Std	Avg	Std	Avg	Std	Avg	Std	Avg	Std
0	—	—	5.48	0.68	4.69	0.53	12.16	1.50	10.39	1.36	16.97	1.82	14.59	1.39
1	170	2	4.85	0.44	4.15	0.41	11.53	1.07	9.54	0.62	15.81	1.40	13.23	1.28
2		4	4.35	0.32	3.72	0.44	10.74	0.66	9.85	1.28	14.62	1.65	13.20	0.73
3		6	3.28	0.36	2.66	0.33	9.32	0.91	7.72	0.86	12.19	1.34	10.65	0.95
4		8	3.11	0.25	2.80	0.33	8.65	0.60	7.50	0.75	11.80	0.87	10.09	1.26
5	190	2	2.88	0.34	2.46	0.31	9.08	0.88	7.92	0.63	11.27	1.17	10.86	0.66
6		4	2.73	0.33	2.33	0.21	7.02	0.73	6.01	0.79	9.56	0.62	8.19	0.57
7		6	1.98	0.22	1.57	0.25	6.51	0.51	5.63	0.57	8.36	0.58	7.14	0.34
8		8	1.84	0.27	1.70	0.26	5.57	0.47	4.64	0.43	7.31	0.84	6.26	0.50
9	210	2	2.46	0.24	2.10	0.29	5.37	0.63	4.59	0.49	7.69	0.55	6.59	0.56
10		4	1.68	0.26	1.34	0.32	4.34	0.52	3.74	0.59	5.95	0.38	5.29	0.70
11		6	1.57	0.15	1.43	0.24	4.73	0.43	4.41	0.32	6.18	0.50	5.78	0.48
12		8	1.33	0.17	1.14	0.21	4.26	0.31	3.75	0.39	5.54	0.57	4.85	0.44

注：Avg为平均值；Std为标准差。

相对于全干到吸水的湿胀率，热处理木制品在实际应用环境下气干到吸水的湿胀率更有指导意义。实验室氮气热处理落叶松气干到吸水的湿胀率测试结果见表 2-8。

表 2-8　实验室氮气热处理落叶松气干到吸水的湿胀率

编号	处理温度/℃	保温时间/h	气干到吸水径向湿胀率/%				气干到吸水弦向湿胀率/%				气干到吸水体积湿胀率/%			
			边材		心材		边材		心材		边材		心材	
			Avg	Std	Avg	Std	Avg	Std	Avg	Std	Avg	Std	Avg	Std
0	—	—	3.54	0.48	2.86	0.34	9.35	0.61	8.42	0.80	12.60	1.40	11.07	1.03
1	170	2	2.97	0.34	2.35	0.31	9.05	0.60	8.14	0.57	11.78	1.19	10.33	0.64
2		4	2.91	0.24	2.40	0.31	8.20	0.57	7.28	0.54	10.90	0.86	9.53	0.92
3		6	2.09	0.29	1.69	0.26	7.70	0.55	6.83	0.62	9.65	1.21	8.42	0.81
4		8	1.70	0.16	1.43	0.24	7.86	0.56	7.07	0.53	9.45	0.61	8.43	0.81
5	190	2	1.77	0.27	1.37	0.20	5.60	0.47	5.14	0.65	7.29	0.54	6.46	0.51
6		4	1.77	0.20	1.43	0.24	5.73	0.48	5.46	0.47	7.42	0.84	6.82	0.52
7		6	1.67	0.26	1.25	0.13	4.31	0.42	3.88	0.39	5.92	0.49	5.19	0.57
8		8	1.54	0.25	1.35	0.23	4.71	0.43	4.13	0.47	6.19	0.50	5.44	0.47
9	210	2	1.50	0.19	1.21	0.22	4.69	0.43	3.22	0.49	6.14	0.55	4.51	0.52
10		4	1.36	0.23	1.05	0.10	3.70	0.38	3.29	0.36	5.02	0.65	4.32	0.49
11		6	1.30	0.13	1.10	0.16	3.21	0.36	2.87	0.31	4.48	0.42	3.90	0.32
12		8	1.07	0.21	0.96	0.16	2.75	0.33	2.41	0.38	3.79	0.39	3.36	0.37

注：Avg 为平均值；Std 为标准差。

　　热处理后木材气干到吸水的湿胀率显著降低，同一处理条件下落叶松心材和边材湿胀率差异不大。热处理时间和处理温度对处理材的湿胀率均有显著影响。相比较而言，保温温度对处理材的湿胀率影响更大。当处理温度为 170℃时，处理时间对湿胀率有较大影响。而当处理温度达到 190℃和 210℃时，处理时间（2～8h）对湿胀率变化影响不大。这可能是由于热处理造成木材中含有羟基等亲水基团的半纤维素和无定形区的纤维素降解，热处理材的亲水性降低；热处理材结晶度提高，使水分难以进入；木质素的缩聚反应形成全新的木质素网络结构，最终造成处理材湿胀率大幅降低。

　　工业化生物质燃气热处理落叶松心材和边材的湿胀率见表 2-9。150℃和160℃生物质燃气热处理对木材的湿胀率影响较小，此处理温度区间属于高温干燥范畴，主要发生木材内部水分的迁移，同时仅有少量木材组分发生热解反应。当热处理温度超过 170℃时，落叶松热处理材的径向、弦向和体积由全干到吸水的湿胀率已降低 30.83%～45.10%。并且随着热处理温度的升高，落叶松心材与边材对应的湿胀率的差值随之减小，心边材湿胀性趋于一致。由表 2-7、表 2-8 和表2-9 得出，同一热处理水平下，生物质燃气热处理落叶松径向、弦向和体积湿胀率略低于实验室氮气处理材对应的试验结果。

表 2-9 工业化生物质燃气热处理落叶松的湿胀率

编号			13	14	15	16	17	18	19
处理温度/℃			150	160	170	180	190	200	210
全干到吸水径向湿胀率/%	边材	平均值	4.86	4.69	3.01	2.50	1.99	1.63	1.55
		标准差	0.27	0.56	0.19	0.61	0.18	0.27	0.25
	心材	平均值	4.54	4.25	2.68	2.32	1.62	1.53	1.31
		标准差	0.52	0.24	0.53	0.32	0.13	0.22	0.16
全干到吸水弦向湿胀率/%	边材	平均值	13.14	10.35	8.41	6.54	6.73	4.26	3.74
		标准差	0.32	0.02	0.48	0.81	1.03	0.40	0.62
	心材	平均值	11.43	9.01	7.32	5.69	5.86	3.71	3.26
		标准差	0.75	0.79	0.53	0.66	0.49	0.31	0.27
全干到吸水体积湿胀率/%	边材	平均值	16.88	13.97	10.77	8.51	8.33	5.58	5.01
		标准差	0.57	0.31	0.21	1.06	1.43	0.21	0.69
	心材	平均值	14.09	12.95	9.34	7.69	7.18	4.93	4.27
		标准差	1.41	1.17	0.90	0.77	0.69	0.46	0.42
气干到吸水径向湿胀率/%	边材	平均值	3.30	2.05	1.62	1.56	1.39	0.66	0.69
		标准差	0.28	0.66	0.42	0.17	0.28	0.36	0.20
	心材	平均值	3.07	1.98	1.38	1.49	1.26	0.62	0.60
		标准差	0.20	0.46	0.12	0.29	0.22	0.30	0.14
气干到吸水弦向湿胀率/%	边材	平均值	9.05	5.62	4.94	4.78	3.68	3.26	2.11
		标准差	0.14	0.05	0.59	0.40	0.95	2.96	0.32
	心材	平均值	8.59	5.48	4.46	4.64	3.42	3.19	1.94
		标准差	0.86	0.64	0.22	0.57	0.42	0.26	0.23
气干到吸水体积湿胀率/%	边材	平均值	11.96	7.27	6.16	5.94	4.67	3.52	2.39
		标准差	0.27	1.76	0.92	0.26	0.84	0.62	0.37
	心材	平均值	11.33	7.14	5.51	5.81	4.36	3.49	2.22
		标准差	0.86	0.49	0.35	0.57	0.26	0.30	0.22

2.3.3.3 尺寸稳定性

热处理后落叶松心材和边材抗缩率和抗胀率的变化规律见图 2-7 和图 2-8。

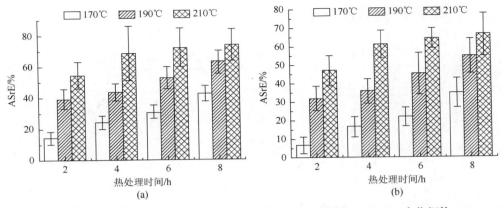

图 2-7　氮气热处理落叶松心材（a）和边材（b）抗缩率（ASrE）变化规律

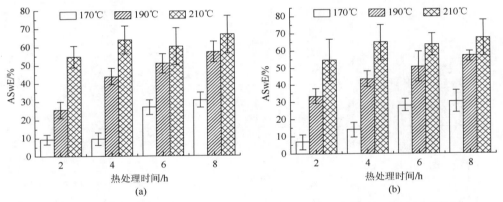

图 2-8　氮气热处理落叶松心材（a）和边材（b）抗胀率（ASwE）变化规律

　　抗胀率和抗缩率是木材尺寸稳定性的重要指标。高温热处理的一个重要目的便是提高木材的尺寸稳定性。由以上试验结果得出，热处理后落叶松边材抗缩率（ASrE）提高到 6.74%～66.26%，心材抗缩率提高到 14.29%～73.64%。相同处理温度下，抗缩率由小到大依次处理时间是 2h<4h<6h<8h。同一处理时间条件下，热处理落叶松抗缩率由小到大依次是 170℃<190℃<210℃。落叶松 190℃热处理 6h 后的抗缩率与 210℃热处理 2h 数值基本相同，对于落叶松抗缩率的提高，热处理温度和时间存在等效现象。当热处理强度大于保温温度 190℃、处理时间 6h 时，落叶松心材和边材的抗胀率已大于 50%，这时的尺寸稳定性已得到大幅提升。热处理后心材和边材的抗胀率（ASwE）分别提高到 9.31%～66.77% 和 6.81%～67.38%。落叶松的抗胀率随热处理保温温度的升高和热处理保温时间的延长表现出相同的规律，与之前的研究结果一致[20]。

　　相同热处理保温时间下，随热处理温度升高，落叶松心边材的抗胀率显著提高。同样地，相同热处理温度下，随热处理时间延长，落叶松心边材的抗胀率显著提高。落叶松木材结构和化学组分对热处理保温温度（170～210℃）极其敏感。同一热处理温度，保温时间达到 4h 及以上时，落叶松心边材的抗胀（缩）率提高幅度不大。高温热处理过程使半纤维素和无定形区的纤维素降解，从而提高了处理材的结晶度，使水分子进入木材微纤丝的可能性减小。同时热处理过程中木质素反应性增强，通过交联反应形成网状结构在一定程度上限制了微纤丝的膨胀[21]。

2.4 热处理造成木材物理性能变化的原因

2.4.1 基本密度

高温热处理造成木材密度变化是木材体积和质量变化的共同作用引起的。木材的内含物如树脂、树胶、糖类、单宁、色素、油脂、草酸钙等物质在高温热质传递时由木材内部向木材表面缓慢移动并挥发掉[22]，同时也有部分的内含物在高温条件下发生一系列复杂化学反应，如热解反应等。各种途径造成的这些内含物的流失最终使其整体质量减小。更重要的是，高温热处理过程中木材细胞壁的主要组分纤维素、半纤维素和木质素发生热裂解反应。热解反应中一些大分子链发生断裂，同时伴随着易挥发性物质生成，如乙酸、甲醇、水、糠醛和呋喃等。乙酸类物质又进一步以催化剂形式促进热解反应进行。这些物质在热处理过程中逐步从木材中流失，从而造成木材细胞壁实质物质的减少，最终造成木材质量的减小。

由于发生以上这些化学反应，热处理过程同样也造成木材各向尺寸的变化。落叶松木材的质量和尺寸均随热处理而减小，故保温温度和保温时间对热处理后落叶松的基本密度没有显著影响。木材细胞壁物质和内含物的流失使木材尺寸减小，其减小的程度与热处理工艺和木材树种有关。

2.4.2 亲水性和尺寸稳定性

木材是一种毛细管多孔性的有限膨胀材料，具有极大的孔隙率和内表面，木材组分中含有大量的亲水基团，因此当干燥木材置于潮湿的空气环境中时，微晶表面借分子力和氢键吸引空气环境中的水分子，形成吸附水，微毛细管出现凝结现象，木材体现出吸湿性。反之，则有部分水分子由木材表面释放到空气中，出现解吸现象。

干缩湿胀性是木材的一个固有属性，周围环境的温度和湿度变化及木材的干缩湿胀特性造成木制品的尺寸发生变化。木材中无定形区纤维素分子链所含的羟基具有很强的亲水性，游离的羟基与水分子结合形成氢键。木材的干缩湿胀现象主要发生在纤维饱和点以下。由于结合水的增加和减少，木材细胞壁中的纤丝之间、微纤丝之间以及微晶之间水层变厚而延展或变薄而靠拢，从而导致细胞壁乃至木材的体积湿胀或体积干缩。木材中的半纤维素、木质素和其他木材组分也具有吸着水分的能力。相对来说，半纤维素的吸湿性最强，其次是木质素，纤维素的吸湿性最弱。半纤维素是由多种单糖形成的异构多聚物，分子链较短同时具有很多分支结构，因此半纤维素是一类复合聚糖的总称。构成半纤维素的主要糖基有 D-葡萄糖基、4-O-甲基-D-葡萄糖醛酸基、D-葡萄糖醛酸基、D-半乳糖基、D-甘露糖基和 D-木糖基等。半纤维素与纤维素之间主要靠氢键和范德华力连接，赋予纤维素一定的弹性。半纤维素支链上含有大量的亲水基团，造成细胞壁发生润胀，宏观上使木材出现吸湿膨胀、变形开裂等现象。

高温处理木材过程造成一系列化学反应发生，其中半纤维素降解程度明显大于其他木材组分。当处理温度为 20～150℃时，属于木材干燥范畴，首先自由水流失随后结合水流失，同时伴随着挥发性抽提物溢出。而 170～250℃被认为是热处理的温度范围，木材组分经历一系列化学转变。当温度超过 250℃时，木材组分出现大规模的碳化伴随着二氧化碳的形成以及其他组分的热裂解反应。在高温环境热的作用下，半纤维素降解产生甲醇、糠醛、乙酸和多种挥发性杂环化合物（呋喃、γ-戊内酯等）。半纤维素的降解使原有的部分无定形物质减少，并且造成无定形区的纤维素重新排列[23]。

热处理后落叶松木材吸水率的降低主要是由木材各化学组分发生的变化造成的。热处理过程中随温度升高，木材细胞壁中的分子链链段运动被激活，自由体积增大，分子链流动性提高，链段发生相对滑移，导致木材内部分子间结构重新排布，非结晶区的纤维素分子间距缩小[3]。热处理后木材中所含的亲水基团羟基含量显著减少，其吸水能力降低，处理材的尺寸稳定性提高。同时热处理过程造成半纤维素和非结晶区的纤维素降解，处理材结晶度提高，这样水分可以进入的区域（纤丝之间、微纤丝之间以及微晶之间）也减少了，其吸水性降低。另外，木材中的木质素发生交联反应（cross-linking reactions）和缩合反应（condensation reactions），从而形成全新的网络结构，也在一定程度上对木材吸水膨胀有限制作用。综上所述，高温热处理过程中木材各组分发生的化学变化最终导致热处理木材的物理性能发生变化，如平衡含水率、尺寸稳定性等。

2.5　本章小结

以兴安落叶松心材和边材作为研究对象，分别以氮气和生物质燃气作为保护气体进行热处理，研究了热处理保温温度和保温时间对落叶松物理性能（基本密度、吸水性、干缩性、湿胀性和尺寸稳定性）的影响规律。

（1）氮气热处理最多使落叶松心边材吸水率分别由 162.2%和 165.3%降低到

132.9%和128.5%（210℃，8h）。生物质燃气热处理使心材和边材的吸水率降低到118.7%和122.7%（210℃）。随热处理保温温度的升高和保温时间的延长，落叶松的吸水率均呈现降低的趋势。比较浸泡30天后不同介质热处理材吸水率，相同保温温度和保温时间下生物质燃气热处理材吸水率更低。热处理保温温度和保温时间对处理材吸水率有影响。热处理保温时间对处理材吸水率影响较小。

（2）热处理后落叶松边材抗缩率提高到6.74%～66.26%，心材抗缩率提高到14.29%～73.64%。相同处理温度下，抗缩率由小到大处理时间依次是2h＜4h＜6h＜8h。相同处理时间条件下，热处理落叶松抗缩率由小到大依次是170℃＜190℃＜210℃。热处理对木材抗缩率的提高有时温等效现象。热处理后心材和边材的抗胀率分别提高到9.31%～66.77%和6.81%～67.38%。落叶松的抗胀率随热处理温度的升高和热处理时间的延长而逐步增强。

（3）落叶松木材结构和化学组分对热处理保温温度（170～210℃）极其敏感。同一热处理温度，保温时间达到4h及以上时，落叶松心边材的抗胀（缩）率提高幅度不大。高温热处理过程使半纤维素和无定形区的纤维素降解，提高了处理材的结晶度，使水分子进入木材微纤丝的可能性减小。同时热处理过程中木质素反应性增强，通过交联反应形成网状结构在一定程度上限制了微纤丝的膨胀。

参 考 文 献

[1]　李坚. 功能性木材[M]. 北京：科学出版社，2011.

[2]　Adler E. Lignin chemistry—past，present and future[J]. Wood Science & Technology，1977，11（3）：169-218.

[3]　李坚. 木材科学研究[M]. 北京：科学出版社，2009.

[4]　丁涛. 压力蒸汽热处理对木材性能的影响及其机理[D]. 南京：南京林业大学，2010.

[5]　黄荣凤，吕建雄，曹永建. 热处理对毛白杨木材物理力学性能的影响[J]. 木材工业，2010，24（4）：5-8.

[6]　Kamdem D P，Pizzi A，Triboulot M C. Heat-treated timber：Potentially toxic byproducts presence and extent of wood cell wall degradation[J]. Holz als Roh-und Werkstoff，2000，58（4）：253-257.

[7]　Hill C A S. Wood modification：chemical，thermal and other processes[M]. West Sussex：John Wiley & Sons，2006.

[8]　李涛. 水曲柳实木地板高温热处理研究——材性变化及产业化分析[D]. 南京：南京林业大学，2007.

[9]　Das S，Saha A K，Choudhury P K，et al. Effect of steam pretreatment of jute fiber on dimensional stability of jute composite[J]. Journal of Applied Polymer Science，2000，76（11）：1652-1661.

[10]　南京林产工业学院. 木材热解工艺学[M]. 北京：中国林业出版社，1983：4-14.

[11]　Stamm A J，Hansen L A. Minimizing wood shrinkage and swelling: Effect of heating in various gases[J]. Industrial & Engineering Chemistry Research，1937，29（7）：831-833.

[12]　Kollmann F，Schneider A. On the sorption behavior of heat stabilized wood[J]. Holz als Roh-und Werkstoff，1963，21（3）：77-85.

[13]　Inoue M. Steam or heat fixation of compressed wood[J]. Wood & Fiber Science，1993，25（3）：224-235.

[14]　Shi J L，Kocaefe D，Zhang J. Mechanical behaviour of Québec wood species heat-treated using ThermoWood

process[J]. Holz als Roh-und Werkstoff, 2007, 65（4）: 255-259.

[15]　Rapp A O. Review on heat treatments of wood. European commission research directorate political co-ordination and strategy[C]. Proceedings of Special Seminar held in Antibes, 2001.

[16]　Dirol D, Guyonnet R. The improvment of wood durability by retification process[C]. The international research group on wood preservation Section 4 Report prepared for the 24 Annual Meeting, 1993.

[17]　Hanata K, Doi S, Kamonji E. Resistances of Plato heat-treated wood against decay and termite[J]. Wood Preservation, 2006, 32（1）: 13-19.

[18]　Boonstra M, Tjeerdsma B F, Groeneveld H A C. Thermal modification of non-durable wood species. Part 2[D]. International Research Group on Wood Presearvation, Document No. IRG/WP98-40123, 1998.

[19]　Popper R, Niemz P, Eberle G. Untersuchungen zum Sorptions-und Quellungsverhalten von thermisch behandeltem Holz[J]. Holz als Roh-und Werkstoff, 2005, 63（63）: 135-148.

[20]　Korkut S. Performance of three thermally treated tropical wood species commonly used in Turkey[J]. Industrial Crops & Products, 2012, 36（1）: 355-362.

[21]　Inari G N, Petrissans M, Gerardin P. Chemical reactivity of heat-treated wood[J]. Wood Science & Technology, 2007, 41（2）: 157-168.

[22]　Shafizadeh F, Chin P P S. Thermal deterioration of wood[C]. ACS Symposium Series American Chemical Society, 1977: 37-37.

[23]　Hakkou M, Petrissans M, Zoulalian A, et al. Investigation of wood wettability changes during heat treatment on the basis of chemical analysis[J]. Polymer Degradation and Stability, 2005, 89（1）: 1-5.

3 热处理木材颜色变化规律

3.1 引　言

　　木材具有的颜色与自身的化学构成有直接关系，木材材色主要是由木质素、抽提物和半纤维素等物质中所含的发色基团和显色基团共同作用的结果。由于有机物的饱和结构以 σ 键连接，所需的能量较大，可见光基本不能提供激发所需的能量，故木材表现出的颜色通常与不饱和有机物有关[1, 2]。同时木材抽提物中的单宁、色素、树脂等也对木材材色有显著影响。木质素复杂结构中的甲氧基（—OCH$_3$）、羧基（—COOH）、羰基（—C＝O）和羟基（—OH）等官能团对木材颜色有重要作用[3]。抽提物中的酚类、醌类和萜类化合物等的羟基、羧基和羰基作为活性结构对木材颜色有密切的影响[4, 5]。

　　热处理过程中抽提物由木材内部向外迁移，热降解形成乙酸类物质；半纤维素降解形成低聚糖甚至单糖，进一步形成糠醛、呋喃等物质。由于热处理造成木材中木质素和抽提物结构和含量的变化，木材材色变深趋于褐色至深褐色，与热带珍贵树种材色接近，通过后续涂饰处理可部分替代珍贵木材，从而大幅提高了其附加值。

　　热处理材材色受多种因素共同影响，如树种、所处部位（心边材）、抽提物、热处理保温温度、保温时间、保护介质、含水率变化以及有无催化剂参与等[6]。对于高温热处理，处理材材色度随不同的热处理保温温度和保温时间而异，处理材材色与热处理的强度有关[2]。理论上来说，同一热处理工艺下，处理材材色的明度值具有良好的再现性。

3.2　试验与测试方法

3.2.1　热处理工艺

　　热处理工艺见第 2 章，热处理后试材置于室温、相对湿度 65% 的环境下等待色度测试。

3.2.2　色度原理与测试

　　色彩学是一门复杂的学科，涉及材料学、物理学、心理学和生物学等众多学科。国际照明委员会（Commission Internationale de L'Eclairage，CIE）于 1976 年官方定义了包括人眼可见范围内的所有色彩的色彩模式空间 CIE $L^*a^*b^*$。CIE 制定了一系列色度学标准，并一直沿用到数字视频时代，其中包括白光标准（D65）和阴极射线管（CRT）内表面红、绿、蓝三种磷光理论上的理想颜色。利用标准色差公式，建立了一整套的颜色精确测量、数据计算方法的标准色度系统（图 3-1）。

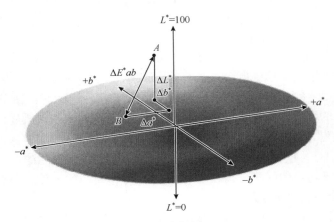

图 3-1　CIE $L^*a^*b^*$ 色度空间

　　CIE $L^*a^*b^*$ 的三个坐标分别代表色彩的明度指数 L^*，红绿轴色品指数 a^*（红绿轴的位置），黄蓝轴色品指数 b^*（黄蓝轴的位置）。色差（color-difference，ΔE）是通过已测出的明度指数 L^*、红绿轴色品指数 a^* 和黄蓝轴色品指数 b^* 值计算出来的，色度值及色差根据以下公式计算。

$$\Delta L_t^* = L_t^* - L_0^*$$
$$\Delta a_t^* = a_t^* - a_0^*$$
$$\Delta b_t^* = b_t^* - b_0^*$$
$$\Delta E = \sqrt{(\Delta L_t^*)^2 + (\Delta a_t^*)^2 + (\Delta b_t^*)^2}$$
$$C = \sqrt{(a^*)^2 + (b^*)^2}$$
$$h = \arctan(b^*/a^*)$$

其中，L_0^*、a_0^*、b_0^* 代表试样的色度测试值；L_t^*、a_t^* 和 b_t^* 表示热处理后样品的色度测试值。

　　L^*：明度指数，理论上纯白物体 L^* 值为 100，纯黑物体 L^* 为 0。

　　a^*：红绿轴色品指数，正值越大意味着颜色越倾向于红色，负值越大意味着颜色越倾向于绿色。

　　b^*：黄蓝轴色品指数，正值越大意味着颜色越倾向于黄色，负值越大意味着颜色越倾向于蓝色。

ΔL^*：明度差，正值越大表明比参照试样更明亮，负值表示比参照试样更暗。

Δa^*：红绿轴色品指数变化值，正值越大表明颜色越倾向于红色，负值越大表明颜色越倾向于绿色。

Δb^*：黄蓝轴色品指数变化值，正值越大表明颜色越倾向于黄色，负值越大表明颜色越倾向于蓝色。

ΔE：色差，数值越大表明物体颜色与参照试样颜色差别越大。

C：色彩饱和度，数值越大表明色彩的纯度越高越鲜明，数值越小表明色彩纯度越低越暗淡。

h：色相角，表示以$+a^*$轴为基准，逆时针方向所转过的角度。

分光测色计（Spectrophotometer，Konica Minlta Sensing，Inc.，Japan D5003908），装备依据 CIE $L^*a^*b^*$测色体系（国际照明委员会）的积分球光度计。通过测色计 8mm 直径的圆孔探头对试材表面进行 10 次不同位置的测试并求其平均值。每次色度测试前均进行设备的色度校准。

3.3　结果与分析

3.3.1　落叶松未处理材的颜色

未处理落叶松心材和边材的自然颜色的特征值测试结果分别见表3-1和表3-2。

表 3-1　落叶松未处理材心材的色度学指数测试结果

项目	L^*			a^*			b^*		
	横切面	径切面	弦切面	横切面	径切面	弦切面	横切面	径切面	弦切面
平均值	63.59	69.79	71.66	8.80	9.57	11.11	25.78	29.23	29.74
标准差	0.74	1.43	1.07	0.64	0.52	0.35	1.32	1.06	0.53
最小值	62.79	68.04	70.26	8.25	8.95	10.64	23.93	28.34	29.13
最大值	64.57	71.55	72.85	9.69	10.22	11.47	26.88	30.73	30.42

项目	C			$h/(°)$		
	横切面	径切面	弦切面	横切面	径切面	弦切面
平均值	27.25	30.76	31.75	71.14	71.88	69.51
标准差	1.32	1.16	0.55	1.29	0.42	0.57
最小值	25.38	29.72	31.22	69.94	71.55	68.92
最大值	28.24	32.38	32.51	72.94	72.47	70.27

表 3-2　落叶松未处理材边材的色度学指数测试结果

项目	L^*			a^*			b^*		
	横切面	径切面	弦切面	横切面	径切面	弦切面	横切面	径切面	弦切面
平均值	74.10	75.47	74.62	7.89	7.88	8.73	23.46	25.79	25.27
标准差	1.14	1.41	1.79	0.37	0.40	0.47	1.10	1.05	1.08
最小值	72.79	74.15	72.15	7.58	7.67	8.15	22.28	24.63	23.81
最大值	75.57	77.42	76.34	8.41	8.15	9.31	24.92	27.17	26.37

项目	C			$h/ (°)$		
	横切面	径切面	弦切面	横切面	径切面	弦切面
平均值	24.75	27.06	26.74	71.39	72.39	70.97
标准差	0.90	0.86	1.31	1.27	0.46	1.66
最小值	23.34	25.60	25.07	70.35	71.30	68.18
最大值	26.01	28.14	27.77	73.72	72.64	70.27

落叶松心材和边材明度相差 2.98～10.51，红绿轴色品指数相差 0.91～2.38，黄蓝轴色品指数相差 2.32～4.47。同时材色波动性较小，颜色较均匀。心材部分的不同切面色度指数存在着差异，横切面明度指数最小为 62.79，弦切面明度指数最大为 72.85。而边材三切面的明度指数的差异不显著。其边材横切面、径切面和弦切面的明度指数分别为 74.10、75.47 和 74.62。同时三个切面的心材明度指数明显小于对应的边材明度指数，即心材材色较深，边材材色较浅。

心材三切面的明度相差 8.07，红绿轴色品指数相差 2.31，黄蓝轴色品指数相差 3.96。心材的横切面红绿轴色品指数为 8.80、黄蓝轴色品指数为 25.78，均小于其他切面。而边材部分红绿轴色品指数和黄蓝轴色品指数差异不明显。色彩饱和度是通过红绿轴色品指数和黄蓝轴色品指数的测试值得到的，心材的色彩饱和度在三个切面上都大于边材，表明心材的颜色纯度较高，较鲜亮。边材色相角 h 为 70.97°～72.39°，略大于心材，同时仅存在 1.42 的差值。试验数据表明，心边材的径切面色相角大于横切面和弦切面，而弦切面的色相角略小。

3.3.2　氮气热处理落叶松颜色变化规律

实验室氮气热处理后木材颜色特征值的测试结果见表 3-3。不同热处理保温温度、不同保温时间、所处部位（心边材）以及木材切面对热处理后落叶松色度指数的影响见图 3-2～图 3-7。

表 3-3　热处理后落叶松木材表面颜色特征值的测试结果

项目	处理温度/℃	处理时间/h	心材						边材					
			L^*	a^*	b^*	C	ΔE	$h/(°)$	L^*	a^*	b^*	C	ΔE	$h/(°)$
横切面	170	2	50.91	8.77	23.33	24.93	12.91	69.40	57.58	7.35	24.75	25.81	16.58	73.46
		4	48.23	9.87	23.72	25.71	15.54	67.38	57.86	8.28	29.18	30.33	17.22	74.16
		6	47.19	10.35	23.40	25.60	16.64	66.12	47.11	9.67	23.05	25.00	27.05	67.25
		8	45.51	10.38	22.39	24.71	18.46	65.14	50.82	9.20	23.46	25.20	23.31	68.59
	190	2	45.64	9.57	23.01	24.95	18.18	67.22	46.72	8.88	23.94	25.53	27.40	69.64
		4	42.20	8.78	20.55	22.36	22.02	67.09	43.21	8.10	20.70	22.23	31.01	68.62
		6	39.01	9.70	20.49	22.68	25.16	64.60	40.43	8.78	20.56	22.36	33.81	66.88
		8	30.33	6.26	11.78	13.34	36.18	61.84	28.10	5.76	12.10	13.40	47.42	64.56
	210	2	35.41	8.11	17.23	19.15	29.46	63.38	34.25	7.35	19.18	20.54	40.09	69.03
		4	30.39	7.09	13.39	15.15	35.48	62.07	32.67	6.57	15.33	16.68	42.24	66.80
		6	29.60	6.89	12.45	14.24	36.56	60.44	28.76	6.38	12.06	13.65	46.78	62.13
		8	27.45	5.95	12.27	13.70	38.69	63.64	25.39	6.23	11.02	12.66	50.30	60.52
径切面	170	2	57.60	12.08	30.75	33.05	12.54	68.48	67.14	10.30	28.98	30.75	9.17	70.44
		4	55.05	13.36	29.61	32.49	15.22	65.73	66.40	11.05	24.05	26.46	9.67	65.32
		6	54.71	13.63	29.68	32.67	15.62	65.36	54.23	12.80	30.19	32.79	22.18	67.03
		8	49.79	13.79	26.52	29.94	20.62	62.41	55.63	12.69	25.25	28.26	20.36	63.32
	190	2	52.77	12.17	28.31	30.83	17.24	66.71	54.65	11.92	27.29	29.78	21.20	66.41
		4	50.28	11.51	26.71	29.10	19.77	66.63	51.48	10.67	26.75	28.80	24.14	68.25
		6	43.06	12.73	24.44	27.56	27.34	62.50	44.24	11.21	24.48	26.93	31.41	65.41
		8	29.93	6.68	11.26	13.09	43.82	59.26	28.74	6.17	10.61	12.27	49.18	59.80
	210	2	43.97	10.71	22.13	24.60	26.80	64.04	42.53	9.73	19.25	21.57	33.62	63.18
		4	33.91	9.70	15.19	18.03	38.52	57.32	36.60	8.99	13.63	16.33	40.74	56.60
		6	32.50	9.60	14.24	17.19	40.18	55.59	31.83	8.86	14.97	17.39	44.97	59.38
		8	28.65	10.22	13.58	17.09	44.02	52.32	26.94	10.78	15.27	18.69	49.72	54.78
弦切面	170	2	56.70	11.31	29.10	31.22	14.97	68.73	64.92	9.46	30.60	32.02	11.09	72.82
		4	53.53	12.44	27.88	30.53	18.27	65.97	64.21	10.24	34.83	36.30	14.21	73.62
		6	48.84	9.75	24.44	26.32	23.46	68.26	48.61	9.69	24.82	26.64	26.03	68.67
		8	48.12	11.24	21.87	24.62	24.82	62.81	53.39	9.90	22.12	24.23	21.50	65.88
	190	2	46.09	11.07	25.09	27.43	25.99	66.13	47.75	10.86	26.93	29.04	27.01	68.05
		4	42.84	10.36	22.91	25.15	29.63	65.58	43.62	9.64	23.23	25.15	31.08	67.47
		6	38.84	11.48	22.12	24.92	33.69	62.56	40.53	10.94	22.17	24.72	34.31	63.73
		8	29.27	6.29	11.93	13.49	46.23	62.09	27.28	5.89	12.60	13.91	49.10	61.84
	210	2	36.14	9.60	19.17	21.52	37.09	62.63	34.28	8.75	21.87	23.55	40.48	63.38
		4	30.11	8.59	14.31	16.69	44.39	58.75	32.91	7.57	16.91	18.52	42.56	65.89
		6	29.20	8.46	13.37	15.85	45.58	57.76	28.98	7.83	12.53	14.77	47.40	58.01
		8	26.71	8.56	13.02	15.59	48.02	56.68	24.19	8.68	11.61	14.50	52.25	53.20

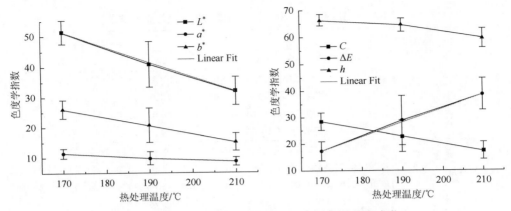

图 3-2 不同热处理温度下落叶松木材心材的颜色变化

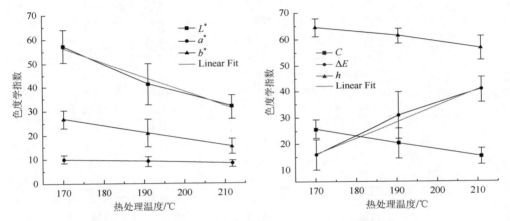

图 3-3 不同热处理温度下落叶松木材边材的颜色变化

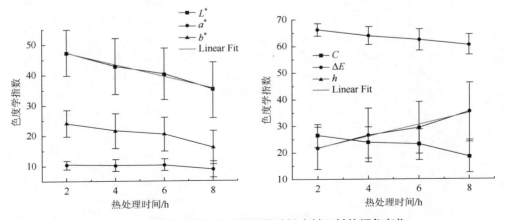

图 3-4 不同热处理保温时间下落叶松木材心材的颜色变化

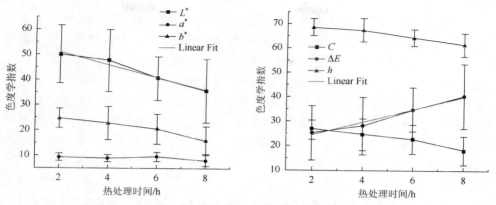

图 3-5 不同热处理保温时间下落叶松木材边材的颜色变化

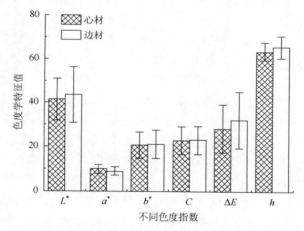

图 3-6 心材和边材热处理落叶松木材颜色的变化

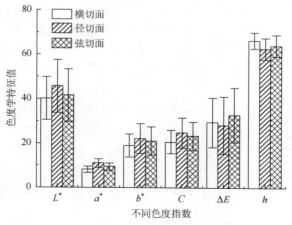

图 3-7 不同切面热处理落叶松木材颜色的变化

　　热处理后落叶松心材和边材与未处理材相比，明度指数 L^* 显著降低，分别降至 26.71～57.60 和 24.19～67.14，并且随热处理保温温度的升高和热处理保温时间的延长，L^* 不断降低，表明处理材颜色的 L^* 与热处理强度（温度和时间）存在良好的线性关系。热处理后落叶松边材不同切面的 L^* 普遍大于对应的心材。不同热处理条件下落叶松心边材径切面的 L^* 比对应的其他切面略大，而横切面的 L^* 相对较小。当热处理温度达到或超过 190℃，处理温度达到或超过 4h 时，热处理后落叶松心边材 L^* 的差异变小，也对材料表面颜色的均匀性有利，在一定程度上克服心边材颜色不一致的缺陷。

　　热处理落叶松心材和边材红绿轴色品指数 a^* 变化较小。其中心材的 a^* 在 6.26～13.79 内小范围波动，规律不明显。而边材的 a^* 在 5.76～12.80 内波动，同样规律性不明显，数值存在波动变化。其中心材和边材的径切面 a^* 较大。热处理后，心材黄蓝轴色品指数 b^* 降至 11.26～30.75，出现轻微的减小。而边材 b^* 变为 10.61～30.60，随热处理而波动，规律性不明显。热处理后落叶松心边材 b^* 差异较小。

　　色彩饱和度 C 与 a^* 和 b^* 的变化有直接关系。热处理后心材和边材色彩饱和度最大降至 13.09 和 12.6，总体上随处理强度提高，落叶松心材和边材的色彩饱和度降低。

　　色差是指热处理材与未处理材相比颜色的差别。落叶松氮气热处理后心边材色差均随热处理保温温度的升高，处理时间的延长而增加，这主要受到 L^* 的变化趋势的影响，同样色差与热处理强度存在良好的线性关系。同样热处理工艺下，落叶松边材的色差要略微大于心材的色差。热处理后，落叶松心材和边材的弦切面色差略大于横切面和径切面。

　　色相角 h 与 a^* 值和 b^* 值的大小和正负有关。氮气热处理后落叶松心材的 h 变化不大（52.32°～69.40°）。热处理后落叶松心材色相角：横切面 60.44°～69.40°，径切面 52.32°～68.48°，弦切面 56.68°～68.73°，差异性较小。氮气热处理后落叶松边材的 h 变化较大，由 53.20° 到 73.68°，随处理的深入进行而降低。同样地，氮气热处理后落叶松边材三个切面的 h 差异较小（2.95°～4.55°）。整体上看，h 随热处理强度的增加而降低。热处理后落叶松边材的颜色特征值 L^*、ΔE 和 h 较心材略大，但差异并不大。心边材的 a^*、b^* 和 C 基本保持在同一范围内。

　　不同切面落叶松热处理材有一定差别，热处理后径切面的 L^*、a^*、b^* 和 C 值较大，横切面较小；三切面色差基本相同，弦切面的色差稍大于另外两个切面；而横切面的 h 在三切面中最大。

3.3.3　生物质燃气热处理工艺对落叶松木材颜色变化的影响

　　工业化生物质燃气保护热处理后，落叶松心材和边材的表面颜色测试结果见

表 3-4。随生物质燃气热处理温度的升高，热处理落叶松心材和边材的明度指数 L^* 均呈现出显著的降低（由 71.36 降低到 30.78），色差 ΔE 显著增大（由 3.95 增加到 44.25）。生物质燃气热处理后，落叶松心材 L^* 小于边材，但当温度超过 190℃后心边材之间 L^* 的差异明显减小，心边材颜色趋于一致。黄蓝轴色品指数 b^* 随热处理强度增加而逐渐降低，表明生物质燃气热处理使木材变蓝。色彩饱和度 C 随热处理温度升高逐渐降低，处理材的鲜艳程度逐渐减小。落叶松的处理材 a^* 在 6.78～12.13 小范围内波动，变化规律不明显。色相角 h 整体上随热处理强度的提高而逐渐降低，同时变化的幅度较小。径切面的 L^* 为 32.15～67.94 略大于其他两个切面；弦切面的 ΔE 为 6.46～40.67，略大于横切面和径切面。横切面、径切面和弦切面的各个色度学参数存在一定差异，但仅在较小范围内波动。

表 3-4 生物质燃气热处理后落叶松心边材的表面颜色测试结果

项目	处理温度/℃	心材						边材					
		L^*	a^*	b^*	C	ΔE	$h/(°)$	L^*	a^*	b^*	C	ΔE	$h/(°)$
横切面	150	65.89	9.15	23.12	24.87	4.40	68.41	68.89	10.01	20.91	23.19	6.17	64.43
	160	56.39	6.95	24.78	25.76	7.72	73.97	61.68	8.41	19.65	21.37	13.00	66.82
	170	53.46	7.94	26.47	27.66	10.65	73.44	55.33	9.69	24.73	26.56	18.90	68.60
	180	47.87	7.99	25.03	26.31	16.05	72.08	53.82	8.64	22.17	23.80	20.33	68.70
	190	37.49	6.80	18.54	19.75	27.17	69.89	41.57	10.70	15.94	19.20	33.50	56.12
	200	36.16	7.90	18.12	19.77	28.53	66.47	36.51	8.44	15.34	17.51	38.46	61.18
	210	32.36	7.87	16.86	18.60	32.55	64.94	33.48	9.38	14.72	17.45	41.57	57.50
径切面	150	67.94	6.78	28.78	29.58	3.95	76.72	71.36	6.20	26.03	26.76	4.58	76.60
	160	60.93	9.80	33.10	10.14	34.52	73.46	63.13	8.09	23.24	24.60	12.60	70.80
	170	52.22	11.17	29.27	31.33	17.65	69.10	53.09	10.21	27.34	29.18	22.53	69.53
	180	54.34	8.85	26.44	27.88	15.72	71.50	50.48	8.18	23.42	24.80	25.10	70.75
	190	39.10	8.67	21.62	23.30	31.75	67.96	42.35	7.66	18.59	20.10	33.90	67.61
	200	38.77	8.94	20.14	22.04	32.36	66.05	38.57	8.37	17.05	18.99	37.92	63.85
	210	32.15	8.51	20.66	22.34	38.63	67.62	32.24	7.14	18.04	19.40	43.93	68.41
弦切面	150	66.76	7.64	30.64	31.60	6.46	73.25	70.94	6.98	27.71	28.58	4.75	75.86
	160	63.56	10.73	35.12	36.72	10.07	72.98	63.28	8.86	27.84	29.21	11.63	72.35
	170	53.93	9.75	28.55	30.17	17.83	71.14	55.82	9.91	26.67	28.46	18.89	69.62
	180	51.87	12.13	30.82	33.12	19.86	68.50	50.31	11.21	27.29	29.50	24.52	67.67
	190	39.20	9.57	22.89	24.82	33.37	67.11	43.46	8.45	19.68	21.42	31.66	66.75
	200	36.97	9.85	21.36	23.52	35.73	65.26	37.47	9.22	18.08	20.29	37.85	62.98
	210	31.74	9.41	22.23	24.14	40.67	67.07	30.78	7.89	19.41	20.95	44.25	67.87

3.3.4 比较实验室热处理与工业化热处理对落叶松颜色变化的影响

采用不同保护介质对落叶松热处理后,木材的表面颜色变化如图3-8和图3-9所示。

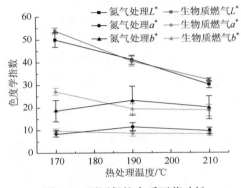

图 3-8　不同保护介质下落叶松
热处理材 L^*、a^* 和 b^* 的变化

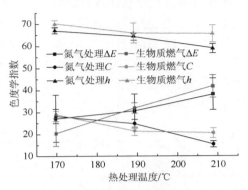

图 3-9　不同保护介质下落叶松
热处理材 ΔE、C 和 h 的变化

相同热处理条件下,氮气和生物质燃气热处理材后木材明度指数 L^*,红绿轴色品指数 a^* 差异极小,基本保持一致。在 170℃ 热处理时生物质燃气热处理材黄蓝轴色品指数 b^* 较大,表明此时生物质燃气处理材更偏黄。190℃生物质燃气热理材与氮气处理材的 b^* 值趋于一致。热处理后氮气处理材的色差为 9.17~52.25,生物质燃气处理材为 4.40~44.25,相同工艺下两者基本一致。210℃生物质燃气热处理后,木材的 C 和 h 值较氮气大。总体上看,生物质燃气热处理材和氮气处理材的颜色特征值基本一致,表明生物质燃气热处理后落叶松的颜色能够达到实验室氮气热处理对应的效果。

实验室热处理工艺与工业化热处理工艺最大的区别在于保护/导热介质的不同。实验室热处理使用传统的氮气作为保护和导热气体,而工业化热处理过程使用生物质燃气代替氮气在高温下对木材进行保护,防止其起火燃烧。氮气热处理和生物质燃气热处理过程中均没有高压和水蒸气的参与,保护/导热介质在处理过程中主要作用是隔绝氧气、传导热量和防止木材燃烧等。换句话说,在热处理过程中,氮气和生物质燃气仅作为保护介质,基本上不参与木材组分的热裂解反应,因此在高温热处理后材色基本相同。

3.4　热处理落叶松颜色归类

木材通常是利用 CIE $L^*a^*b^*$ 色彩模式空间进行颜色的精确测量、计算和分类的。木材材色的色度指数因树种、生长环境、株间差异、在树干中所处位置等而异。Brischke 等[3]将云杉（*Picea abies Karst.*）、松木（*Pinus sylvestris* L.）和山毛榉（*Fagus sylvatica* L.）木粉的颜色进行测试，并建立了木材色度指数 CIE $L^*a^*b^*$ 与热处理强度良好的相关关系。Bekhta 等的研究同样表明热处理过程显著改变了木材的颜色。Beckwith[7]分别测试了 6 种木材的颜色，其中的 a^* 和 b^* 在种内和种间差异性并不大，而颜色的差异主要是由区别较大的明度造成的。杨少春等[6]研究了在 $L^*a^*b^*$ 色彩空间下的 5 种东北常见树种的径切面和弦切面的颜色特征，并利用分类仿真模型实现较好的分类。笔者将所测得的热处理落叶松的颜色与市场上受消费者喜爱的木材[8]进行比较，具体结果见表 3-5。

表 3-5 热处理落叶松与部分珍贵树种颜色的比较

颜色等级	氮气热处理材				生物质燃气热处理材				受消费者喜爱的木材			
	热处理条件	L^*	a^*	b^*	热处理条件	L^*	a^*	b^*	树种	L^*	a^*	b^*
较明亮	170℃ 4h 边材 径切面	66.4	11.05	24.05	150℃ 6h 心材 横切面	65.89	9.15	23.12	黄菠萝	64.1	4.4	22.51
									核桃楸	63.7	8.3	15.47
较深	170℃ 4h 心材 弦切面	53.53	12.44	27.88	170℃ 6h 心材 弦切面	53.93	9.75	28.55	柚木	53.6	6	25
	170℃ 8h 边材 弦切面	53.39	9.9	22.12	180℃ 6h 心材 弦切面	51.87	12.13	30.82				
深	190℃ 4h 心材 横切面	42.2	8.78	20.55	190℃ 6h 心材 径切面	39.1	8.67	21.62	花梨木类	43.42	15.32	18.06
	190℃ 6h 心材 径切面	43.06	12.73	24.44	190℃ 6h 边材 径切面	42.35	7.66	18.59	酸枝木类	40.91	13.66	15.86
	210℃ 2h 边材 径切面	42.53	9.73	19.25	190℃ 6h 边材 弦切面	43.46	8.45	19.68	香枝木类	44.33	13.9	18.26
	190℃ 4h 边材 弦切面	43.62	9.64	23.23	190℃ 6h 边材 横切面	41.57	10.7	15.94				
最深	210℃ 4h 边材 弦切面	32.91	7.57	16.91	200℃ 6h 心材 弦切面	36.97	9.85	21.36	黑酸枝木类	33.38	5.6	6.83
	210℃ 2h 心材 弦切面	36.14	9.6	19.17	210℃ 6h 心材 横切面	32.36	7.87	16.86	鸡翅木类	35.22	6.56	9.55
	210℃ 4h 心材 径切面	33.91	9.7	15.19	210℃ 6h 边材 径切面	32.24	7.14	18.04				
	210℃ 2h 心材 横切面	35.41	8.11	17.23	210℃ 6h 边材 横切面	33.48	9.38	14.72				

由表 3-5 得出，热处理落叶松与受欢迎树种的色度指数极其接近。换句话说，在使用恰当的高温热处理工艺后，在颜色上落叶松可部分替代珍贵树种木材，这在一定程度上保护了珍贵树种，同时也提高了落叶松木制品的附加价值。

3.5　热处理木材颜色变化的原因分析及讨论

高温热处理使木材颜色变深，而处理材的最终颜色的特征值与热处理时间、热处理温度、树种、所处部位（心边材）、不同切面和保护介质等均有关[3, 5]。引起木材颜色变化的原因与高温热处理过程中发生的化学结构变化有密切的关系[9]。

木材中的饱和有机化合物主要以单键连接，电子的活动性较小，需要很大的激发能，所以对波长为 200～1000nm 范围内的光吸收较小。在可见光范围内，木材中的主要成分纤维素和半纤维素并不吸收可见光（380～780nm），不能显色。而木材中的共轭双键结构，因 π 电子活动性大，所需的激发能较小，吸收波的波长较长，即可以吸收部分特定可见光，因此显示出颜色。木材中能够吸收可见光区域的不饱和基团有羰基、苯基、二苯基、乙烯基（RCH ══ CHR）、对醌基、邻醌基等，称之为发色基团。而羟基（—OH）、醚基、羧基（—COOH）、氨基（—NH$_2$）等能够使颜色加深的基团，一般称之为助色基团[10]。这些发色基团和助色基团主要存在于木材中的木质素结构以及黄酮、酚类结构中等。当电子跃迁所需能量与可见光提供的能量一致时，木材就吸收这部分可见光，故呈现出颜色[6, 11]。

高温热处理过程中，木材中所含水分由内部向外移动，一些水溶性的抽提物也随水分的移动迁移到木材的表面，在高温状态下因氧化反应而变色[12]；热处理过程中纤维素和半纤维素等多糖类物质发生热降解反应，形成了更多的羰基（O ══ C）和羧基；随着半纤维素含量的减少，木质素的相对含量增加；木质素也在高温环境下发生部分的热解、缩合和氧化等反应，产生新的有色物质，造成木质素中发色基团的变化。木质素结构中的 β-O-4 键发生断裂，酚羟基含量增加，增加了缩合反应的机会。木质素的氧化反应形成醌类物质也是木材颜色变化的重要原因之一[1]。同时高温热处理过程中，木材的组分之间也产生相互作用，形成氧化和缩合产物，最终造成热处理后木材的颜色加深[10, 13]。

以上试验结果表明，热处理落叶松木材的颜色与热处理工艺（处理温度、处理时间、保护介质等）有着紧密的相关关系[2, 14]。同时由于不同树种主要组分的化学结构及比例（纤维素、半纤维素、木质素和抽提物等）各不相同[11]，不同树种本身的颜色千差万别，最终造成热处理后木材的颜色也各不相同[1, 3]。在实际的热处理木材生产过程中，利用此相关关系，依据初期试验总结的处理工艺与木材颜色对应的数据结果，可以指导热处理工艺中的参数设计。

3.6 本 章 小 结

综合比较氮气和生物质燃气下热处理材的颜色变化，得出以下结论：

（1）高温热处理后，落叶松心材和边材的明度指数 L^* 明显降低，并且随着热处理保温温度的升高和保温时间的延长而逐渐降低。热处理后边材的 L^* 普遍大于对应的心材。热处理后落叶松心边材的径切面 L^* 略大，而横切面的 L^* 较小。

（2）热处理后落叶松心材和边材红绿轴色品指数 a^* 和黄蓝轴色品指数 b^* 差异较小。

（3）落叶松热处理后心边材色差均随热处理保温温度的升高和处理时间的延长而增加。处理后落叶松边材的色差要略微大于心材的色差。落叶松心材和边材的弦切面色差略大于横切面和径切面。热处理后径切面的 L^*、a^*、b^* 和 C 值较大，横切面较小；横切面的色相角 h 在三切面中最大。

（4）在处理材色度变化上，实验室氮气热处理与工业化生物质燃气热处理在同样的热处理温度和时间下具有基本相同的效力。

参 考 文 献

[1] Bekhta P，Niemz P. Effect of high temperature on the change in color, dimensional stability and mechanical properties of spruce wood[J]. Holzforschung, 2003，57（5）：539-546.

[2] Ayadi N，Lejeune F，Charrier F，et al. Color stability of heat-treated wood during artificial weathering[J]. Holz als Roh-und Werkstoff, 2013，61（3）：221-226.

[3] Brischke C，Welzbacher C R，Brandt K，et al. Quality control of thermally modified timber：interrelationship between heat treatment intensities and CIE $L^*a^*b^*$ color data on homogenized wood samples[J]. Holzforschung, 2007，61（1）：19-22.

[4] 曹永建. 蒸汽介质热处理木材性质及其强度损失控制原理[D]. 北京：中国林业科学研究院，2008.

[5] Esteves B，Velez Marques A，Domingos I，et al. Heat-induced colour changes of pine（*Pinus pinaster*）and eucalypt（*Eucalyptus globulus*）wood[J]. Wood Science and Technology, 2008，42（5）：369-384.

[6] 杨少春，王克奇，戴天虹，等. 基于 $L^*a^*b^*$ 颜色空间对木材分类的研究[J]. 林业机械与木工设备，2007，35（10）：28-30.

[7] Beckwith J R. Theory and practice of hardwood color measurement[J]. Wood Science, 1979，11（3）：169-175.

[8] 李涛. 水曲柳实木地板高温热处理研究——材性变化及产业化分析[D]. 南京：南京林业大学，2007.

[9] Hill C A S. Wood modification: Chemical thermal and other process[M]. West Sussex: Wood Wily & Sons，2006.

[10] Sundqvist B. Colour changes and acid formation in wood during heating[D]. Lulea: Lulea University of Technology，2004：27-43.

[11] Hill C A S. Wood Modification: Chemical，Thermal and Other Processes[M]. West Sussex: John Wiley & Sons，2006.

[12] Garrote G，Domínguez H，Parajó J C. Study on the deacetylation of hemicelluloses during the hydrothermal

processing of Eucalyptus wood[J]. Holz als Roh-und Werkstoff，2001，59（1）：53-59.

[13]　Rapp A O，Welzbacher C R，Brischke C. Interrelationship between the severity of heat treatments and sieve fractions after impact ball milling：A mechanical test for quality control of thermally modified wood[J]. Holzforschung，2006，60（1）：64-70.

[14]　Brosse N，Hage R E，Chaouch M，et al. Investigation of the chemical modifications of beech wood lignin during heat treatment[J]. Polymer Degradation & Stability，2010，95（9）：1721-1726.

4 热处理木材人工老化性能

4.1 引 言

近年来随着热处理工艺的日渐成熟，热处理木材已经成为工业化产出的成熟产品，热处理木材制品被广泛用于木地板、吊顶、厨卫装潢、室内装饰材料、木结构建筑以及其他室内外场合。热处理工艺作为木材物理改性，最大限度地延长了木制品的使用周期，其优异的尺寸稳定性、耐久性和典雅深沉的材色等广泛受到人们的好评[1-3]。

木制品材料表面的劣化过程受多种因素共同作用，如太阳光中的紫外线（UV）部分、环境湿度变化、大气污染物、土壤接触的微生物以及热量变化等[4, 5]。同时可见光中波长较短的部分也能造成光催化降解反应的发生。对木材光降解的化学组分分析表明光照射造成木材组分中的半纤维素、木质素降解反应，纤维素解聚反应的发生[6]。同时光降解反应包括一系列复杂的木材抽提物降解，木质素甲氧基含量降低，碳碳（C—C）键断裂和助色剂基团羰基形成[7]。而对于应用在室外环境中的大多数木制品，往复循环的紫外线照射及温湿度变化给木材造成严重威胁，同时会迅速引发木材组分（抽提物、木质素、纤维素和半纤维素）的光降解反应和解聚反应。木质素是木材组分中对光线最为敏感的聚合物之一，同时木质素中的发色基团具有吸收紫外-可见光的重要化学结构。光降解反应造成薄弱化学键的断裂，随后材料表面发生褪色、变暗以及产品发生开裂现象。

对于人工及天然老化造成的热处理木材润湿性、力学机械性能、物理和化学性能的变化已经进行了大量研究[8]。在外部环境影响因素中，光照是老化过程中对非接触地面的木制品影响最大的因子[9]。在复杂的光化学反应中，材料表面精确的反应路径和反应机理仍有待解决。热处理木材在紫外辐射初期表现出较好的颜色稳定性，这主要是由热处理过程重建的纤维素-木质素结构和改性的木质素发色基团造成的[10-12]。对于热处理木材人工老化或自然老化下吸湿性[13]、机械性能[14]、物理性能[15]和化学性能[16]的变化已有大量研究，但对于工业化规模生产的生物质燃气热处理木材的老化性研究还很少。

本章的主要内容是研究工业化生产的热处理木材在人工老化 72h、120h、360h、720h、960h、1440h 以及 3000h 后，木材表面形态、微观结构和化学成分的主要变化，并通过人工加速老化测试，模拟户外紫外线和雨露侵蚀作用对热处理材的影响，同时为户外桥梁、木地板等热处理材的应用提供理论依据。

4.2 试验与测试方法

4.2.1 人工老化测试

利用 Q-panel 公司的人工紫外加速老化仪（Model QUV/Spray with Solar Eye Irradiance Control）模拟户外环境下天然老化对木材的影响，并预测材料户外天然环境中的性能变化。人工紫外加速老化能够实现较短试验周期下的材料表面成分及性能变化，被广泛应用于各种材料耐久性评估。人工老化试验在生物质材料科学与工程教育部重点实验室完成。

将人工老化用试件固定于样品架上并放置于人工紫外加速老化仪中。人工老化条件依照 ASTMG-154 标准进行程序设定，详细参数见表 4-1。人工老化过程是以 12h 为一个循环周期。而一个循环周期由两个部分组成：第一部分为紫外荧光灯（UVA-340）模拟自然光照射（irradiation）所产生的光降解，紫外辐射时间为 8h，紫外线波长为 340nm，辐射强度是 0.77W/m^2，8h 辐射过程中保持老化仪内部温度为 50℃±1℃；第二部分为冷凝（condensation）过程，模拟室外湿度变化对木材造成的影响（如夜晚露水及阴雨环境影响），在冷凝过程保持老化仪内部温度为 40℃±1℃，相对湿度为 100%。通过老化仪的温湿度控制仪，将水加热产生足够水蒸气以充满整个老化仪内部，顶部水槽通风口将冷凝蒸汽与氧气混合，在检测板和测试样品上不断有冷凝水，进而冷凝水再次流回水槽。热处理及未处理木材试样固定于样品夹具上，在人工老化 72h、120h、360h、720h、960h、1440h、3000h 后取出样品用于性能测试。

表 4-1　人工加速老化试验过程及参数

阶段	持续时间/h	腔内温度/℃	光波长/nm	辐射强度/（W/m^2）
阶段 I：紫外老化	8	50	340	0.77
阶段 II：冷凝	4	40	—	—

4.2.2 色度测试

手持式分光测色计（Spectrophotometer, Konica Minlta Sensing, Inc., Japan

D5003908）装备依据 CIE $L^*a^*b^*$测色体系（国际照明委员会）的积分球光度计。通过测色计 8mm 直径的圆孔探头分别对试材表面的 10 个不同位置进行测试并求其平均值。每次色度测试前均进行设备的色度校准（calibration）。在人工老化前及特定老化时间测试处理材和未处理材表面的色度指数。其中各色度指数的计算方法见第 3 章。

4.2.3　扫描电子显微镜

扫描电子显微镜（SEM）被用于观测材料表面微观结构。试样沿着木材轴向进行劈切，试样尺寸制作为 8mm×8mm×2mm，同时所有样品均进行 140s 溅射喷金镀膜（Sputter-coated BAL-TEC SCD 005）并通过导电胶固定于标准铝样品台上。测试条件：FEI Quanta 200 扫描电子显微镜（Hillsboro，Oregon，97124，美国），10kV 加速电压，温度为 20℃，真空压力为 0.83Torr①。

4.2.4　傅里叶变换红外光谱仪

热处理及未处理木材样品表面物质被切割并通过粉碎机打磨为 160～200 目木粉。随后将粉末样品置于干燥烘箱内 105℃干燥 24h 用于红外样品的制备。（2.3±0.1）mg 样品与（250±2）mg KBr 混合并制作测试压片。测试条件：傅里叶变换红外光谱仪（Nicolet 公司 Magna-IR 560 E.S.P，美国），扫描波长为 4000～400cm^{-1}，扫描分辨率为 4cm^{-1}，扫描次数 40 次。每个试样进行四次重复测试。

4.3　结果与讨论

4.3.1　视觉观察

不同人工老化时间下未处理材（H0）及热处理材（H1～H3）的颜色及视觉变化见图 4-1。人工老化后木材试样（H0～H3）表面均出现褪色，呈现出灰白色调。热处理及未处理材的光催化降解显著减弱了材料表面的整体性。人工老化 360h 后，未处理材表面色度变化明显大于热处理材，这表明短时间紫外照射

---

① Torr 为非法定单位，1Torr=1mmHg=1.33322×10^{2}Pa。

条件下热处理材具有更优异的抗紫外线特性。然而经过长时间的人工老化作用，热处理材和未处理材之间颜色差异变小并且差异逐渐趋于不明显，这与之前的研究一致[13]。人工老化过程中的湿气喷淋循环过程也对木材表面产生一定影响，在 72h 人工老化试验后木材表面出现水渍。由于水分的吸收及析出，水渍随老化试验时间的延长而逐渐扩展。

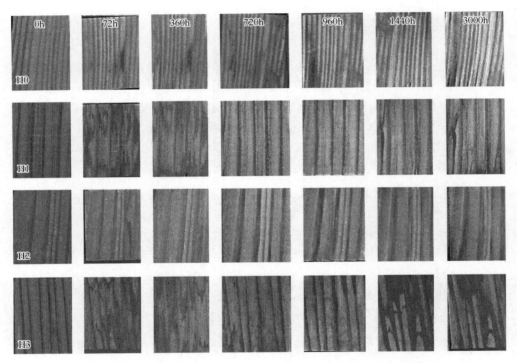

图 4-1　热处理及未处理材在不同人工老化阶段的表面观察结果

4.3.2　SEM 微观结构分析

通过扫描电子显微镜来观察木材表面微观结构变化。图 4-2 为热处理材和未处理材弦切面人工老化 3000h 前后微观结构变化。在图 4-2（a）中，未处理材由完好木材细胞构成，同时可轻易观察到一些由于劈裂所产生的细胞壁破坏。在图 4-2（b）～图 4-2（d）中，与未处理材相比，热处理材出现部分细胞壁结构的轻微破坏，这与之前研究报道的关于热处理过程造成 S1、S2 层细胞壁裂痕、纹孔破裂等研究结果一致[14]。

在图 4-2（e）中，3000h 人工老化（包括紫外辐射和湿度喷淋）后未处理材中管胞明显腐蚀，部分纹孔被分解破坏，这与之前关于自然光或紫外光照射下木材表面劣化的研究结果一致[8, 17]。而在图 4-2（f）～图 4-2（h）中，热处理材展现出多种类型的劣化。轴向细胞壁的扭曲和皱缩造成了细胞壁的翘曲变形，表明细胞壁层中捆绑纤维素微纤丝的木质素老化后已经部分发生降解反应。其中大部分处理材管胞上的裂痕方向与细胞轴向垂直，少量与细胞轴向平行。而轴向裂痕在未处理材中较少出现。

在图 4-3 中，人工老化之后试样细胞壁上可清楚地观察到细菌和真菌的孢子类物质。热处理材和未处理材观测到不同类型的生物降解现象。未处理材中观测到杆菌的存在，而热处理材中出现集群球菌。

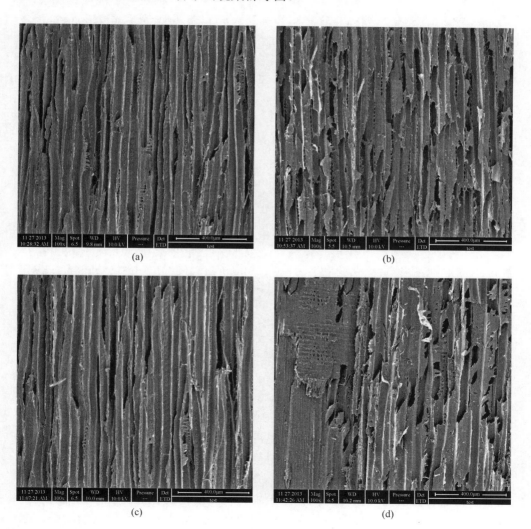

(a)　　　　　　　　　　　　　(b)

(c)　　　　　　　　　　　　　(d)

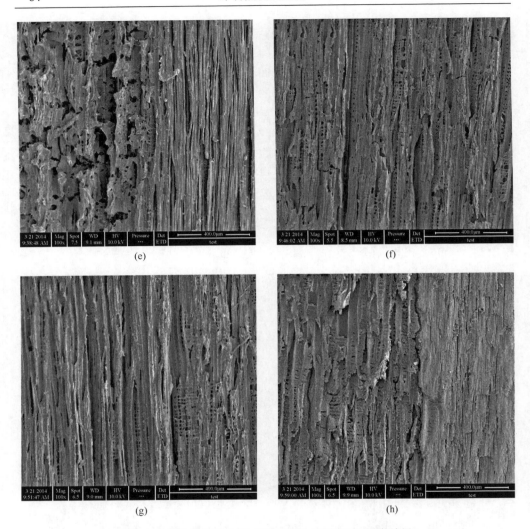

图 4-2 落叶松试验人工老化 3000h 前后 SEM 观察结果

（a）～（d）人工老化前的 H0～H3；（e）～（h）人工老化后的 H0～H3

高温热处理使多糖水解形成低聚糖甚至二糖和葡萄糖，微生物很容易利用这部分的营养物质。210℃热处理木材细胞壁多处纹孔发生严重劣化，并形成大量裂纹。湿气喷淋过程营造的适宜的温湿度环境也有利于微生物生长。之前的研究表明不同类型针叶树材和阔叶树材均有真菌、细菌侵袭，而这主要与其树材细胞壁的化学成分和微观结构特点有关[13]。人工老化过程中紫外线辐射、湿气喷淋处理和微生物侵蚀等共同作用于木材，造成木材表面物质的光降解和细胞壁裂纹的形成，同时处理材的水分接触角减小，处理材亲水性有所增强。老化过程使木材表面物质发生降解，最终造成表面材色的变化、水渍以及细胞壁裂纹的形成。

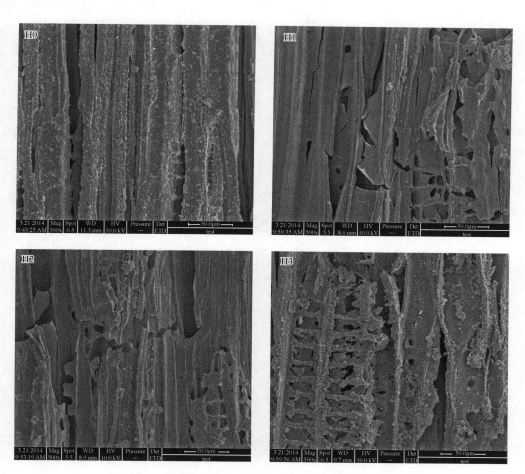

图 4-3　落叶松试样人工老化 3000h 后微生物观察结果

4.3.3　木材表面色度变化

图 4-4～图 4-7 分别为热处理与未处理落叶松（*Larix* spp.）随人工老化时间（包括紫外辐射和湿气喷淋）下红绿轴色品指数 a^*、黄蓝轴色品指数 b^*、明度指数 L^* 以及色差 ΔE 的变化情况。在老化 500h 内未处理材红绿轴色品指数迅速提高，未处理材表面变红，而此时热处理材红绿轴色品指数更稳定。500h 后，所有试样红绿轴色品指数均逐渐下降。而在 3000h 老化后，热处理材与未处理材具有相似的红绿轴色品指数。

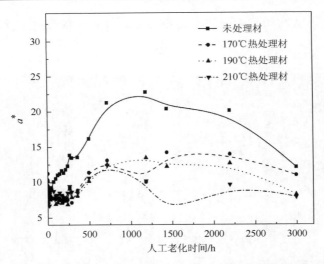

图 4-4　人工老化下热处理及未处理落叶松的红绿轴色品指数

　　如图 4-5 所示，192h 老化过程使热处理及未处理材黄蓝轴色品指数均提高，表明其表面颜色变黄。黄蓝轴色品指数的波动也表明紫外辐射和湿气喷淋引发复杂化学反应的发生。在 1440~3000h 老化过程中，黄蓝轴色品指数基本趋于稳定。与老化前样品相比，3000h 老化对热处理及未处理落叶松均发生轻微变蓝的现象。

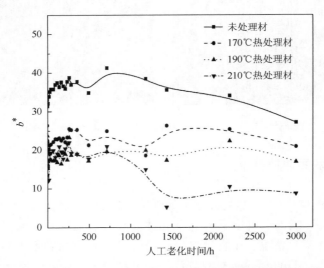

图 4-5　人工老化下热处理及未处理落叶松的黄蓝轴色品指数

木材表面的明度指数受到热处理工艺的直接影响，研究表明热处理材的明度指数与热处理强度呈线性相关。由图 4-6 看出，在人工老化过程中，热处理和未处理材明度指数表现出不同的变化趋势。

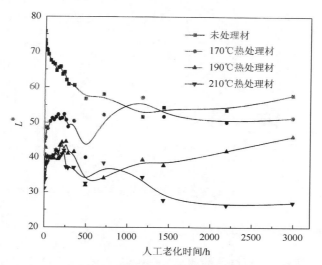

图 4-6　人工老化下热处理及未处理落叶松的明度指数

对于未处理材，在 1000h 人工老化过程中明度指数明显下降，之后随老化的进行，明度指数出现轻微的增加。与其相反的是，人工老化 360h 以内热处理材明度指数 L^* 持续增加，360～1188h 明度指数曲线呈现轻微波动。之后明度指数几乎保持恒定直到 3000h。未处理材表面材色变深，主要是由紫外和水分作用下抽提物的转移和降解造成的。而热处理工艺已将绝大部分抽提物降解或移除，故热处理整体上改变了木质材料光致变色行为[18]。因此，热处理材色度变化主要取决于木质素的光降解反应过程。1440h 老化后所有试样明度指数变化不明显。同时未处理材表面变灰白，全部热处理材也表现出相同的变化趋势。

在初期老化阶段中，落叶松未处理材色差变化明显大于热处理材，见图 4-7。特别是开始老化到老化 1440h，未处理材色差变化明显大于热处理材，随后直到老化 3000h 所有试样色差值基本保持不变。这表明落叶松热处理材暴露在紫外及湿气环境下具有更良好的颜色稳定性，这与之前的研究结果一致。

高温热处理改性是一种温和的热解过程，同时深度改变了木材细胞壁的组成成分[19]，如半纤维素的降解、抽提物的析出以及木质素的再凝结过程[20, 21]。热处理改性过程造成抽提物的移除和木质素的改性，极大程度地改变了木材的光致变色行为。人工老化试验证明生物质燃气热处理工艺有效改善了木材的短期抗老化能力。

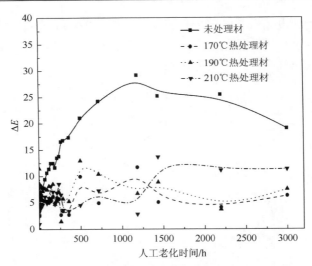

图 4-7　人工老化下热处理及未处理落叶松的色差变化

4.3.4　木材表面化学变化分析

　　落叶松未处理和热处理样品的傅里叶变换红外光谱分析主要是用来研究人工老化造成的木材化学组分的变化。热处理及未处理材红外光谱图 $4000 \sim 400 \mathrm{cm}^{-1}$ 区域的特征峰列于表 4-2 中。图 4-8 为 3000h 人工老化前后样品的 $2000 \sim 500 \mathrm{cm}^{-1}$ 红外光谱图。谱图分析考虑高温热处理改性过程，紫外照射和湿气喷淋过程所造成的变化。

表 4-2　热处理及未处理落叶松傅里叶变换红外光谱特征吸收峰

波数/cm^{-1}	官能团	振动类型
3336	醇类、酚类和酸类的 O—H	O—H 伸缩振动
2848~2916	CH$_2$，CH 和 CH$_3$	C—H 伸缩振动
1738	酯类、酮类、醛类和酸类的 C=O	C=O 伸缩振动
1603	芳基（紫丁香基木质素）	苯基伸展振动
1508	芳基（愈创木基木质素）	苯基伸展振动
1458	C—H（木质素、多糖）和芳香碳骨架	C—H 弯曲振动
1425	C—H 和芳环	苯环骨架结构与 C—H 键振动
1373	C—H（纤维素和半纤维素）	C—H 弯曲振动
1317	O—H（纤维素和半纤维素）	面内弯曲振动
1267	CO—OR（半纤维素酰氧基）；芳环醚键（木质素）	CO—OR 伸缩振动
1155	C—O—C	C—O—C 伸缩振动
1049	C—O，C—H（愈创木基）	C—O、C—H 面内环非对称伸缩振动
1018	C—O—C	C—O 变形振动
896	吡喃糖环	吡喃糖环的反对称面外伸缩振动
806	C—H	甘露聚糖和木质素的碳氢键平面弯曲振动

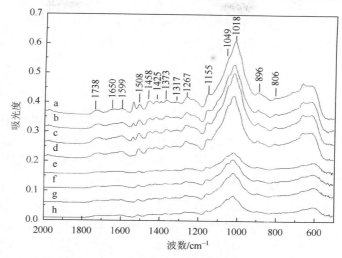

图 4-8　落叶松试材 3000h 人工老化前后傅里叶变换红外光谱图

a～d. H0～H3 老化前；e～h. H0～H3 老化后

图 4-8 中，曲线 a～d 为 H0～H3 人工老化前的红外光谱图。对于热处理与未处理试样红外谱图差异在之前已有详尽的研究[17]。高温热处理改性经历复杂的化学反应，如半纤维素降解[22]、抽提物挥发降解、木质素的再缩合和交联反应。这些反应均造成曲线 a～d 的差异。图 4-8 中曲线 e～h 为人工老化 3000h 后试样 H0～H3 的红外光谱图。

由图 4-8 可明显看出人工老化过程极大程度地改变了木材表面官能团。在表 4-2 中观察到的主要吸收峰，它们的波数分别为 $3336cm^{-1}$，$2900cm^{-1}$，$1738cm^{-1}$，$1603cm^{-1}$，$1508cm^{-1}$，$1425cm^{-1}$，$1373cm^{-1}$，$1317cm^{-1}$，$1267cm^{-1}$，$1155cm^{-1}$，$1049cm^{-1}$，$1018cm^{-1}$，$896cm^{-1}$ 和 $806cm^{-1}$。在 3000h 人工老化后所有样品的 $3336cm^{-1}$（—OH 伸缩振动，乙醇分子内氢键，酚类化合物以及酸类物质）和 $2900cm^{-1}$（纤维素 C—H 键）吸收峰强均明显减小（图 4-8 中未示出）[23]。$1738cm^{-1}$ 处（酯类、酮类、醛类和酸类的 C=O）吸收峰强度降低主要是由于半纤维素的脱乙酰化和降解反应[13]。热处理后木质素的吸收峰 $1603cm^{-1}$ 和 $1508cm^{-1}$ 峰强度变化较小。人工老化后热处理材及未处理材这两个吸收峰强度降低，这表明紫外照射下细胞壁木质素发生严重降解反应[24]。热处理材与未处理材纤维素的 $1425cm^{-1}$，$1373cm^{-1}$ 和 $1317cm^{-1}$ 处吸收峰没有明显差异，这表明长时间紫外老化使热处理材及未处理材的纤维素发生相似的降解反应。$1267cm^{-1}$（半纤维素和木质素的 CO—OR），$1155cm^{-1}$（C—O—C 伸缩振动，C=O、C=C 伸缩振动和 CH_2 摆动）和 $1049cm^{-1}$（面内环非对称伸缩振动）峰强度变化主要归因于纤维素、半纤维素的光降解反应。$896cm^{-1}$（吡喃糖环的反对称面外伸缩振动）峰强度变化与纤维素、半纤维素的流失有关[25]。806cm^{-1}吸收峰变化主要由针叶材苯环去木质化造成。

4.4　人工加速老化变色分析

高温热处理改性工艺造成木材细胞壁的化学组分变化，首先进行脱乙酰化反应，随后热降解所释放出来的乙酸作为催化剂加速解聚反应发生[26]。这些化学反应路径、反应程度均极大程度由热处理工艺中处理温度和处理时间决定。高温热处理工艺使木材组分发生热降解反应和化学组分的重新排布：木材中的半纤维素发生降解，抽提物被清除，以及木质素发生交联和缩合反应等，均对木材中的发色基团和助色基团产生影响，最终导致木材的颜色变化[27, 28]。

木材主要组分纤维素对小于 200nm 的光线（紫外光）有一定吸收能力，半纤维素也具有相似的特性；木质素对 200nm 的光线有很强的吸收能力；抽提物对波长为 300～400nm 的光有吸收能力。因此，木材主要组分对紫外-可见光均有不同程度的吸收能力。在人工加速老化过程中，它们吸收紫外-可见光伴随着光化学反应的发生，从而出现了以上试验中的木材褪色和微观结构变化等。

在可见光范围内，木材中的主要成分纤维素和半纤维素不吸收可见光（380～780nm），不能显色，而具有发色基团和助色基团的木质素和其他木材中的抽提物可吸收特定波长的可见光，使木材表现出颜色。木质素中含有乙烯基、苯环、松柏醛基、羧基等发色基团，当电子跃迁所需能量与可见光能量一致时，木材就吸收这部分可见光呈现出颜色。同时，木材中的羟基、—OR、羧基、—NH$_2$ 等助色基团加深了木材的颜色。木质素吸收的紫外光线占总体的 80%～95%，其余紫外光主要被抽提物等吸收。木质素结构单元苯丙烷上侧链羰基或共轭双键容易吸收紫外光并由单态氧催化失去氢，生成苯氧游离基。苯氧游离基进一步发生脱甲基反应或脱离侧链而形成苯醌。苯醌通过氧化还原反应分解为苯二酚同时形成对苯二酚，继续氧化产生羰基或双键。木质素的光降解机理极其复杂，苯氧自由基存在多条降解路径，最终造成分子链断裂[7]。

在木材人工老化过程中，随着紫外线照射的进行，落叶松热处理材及未处理材的木质素发生降解反应[29, 25]，其中木质素上的共轭羰基减少，游离/缔合羟基光降解，同时非共轭羰基、对苯醌、邻苯醌以及纤维素、半纤维素中醛类和酮类化合物等不断增加，造成人工老化后木材的颜色变化[30]。另外，木材抽提物中的萜类物质和酚类物质也对木材颜色变化有重要影响[31]。对于长期暴露在人工老化环境（紫外照射和湿气喷淋）下的试样，热处理材和未处理材化学组分均受到严重影响并接近一致。

4.5 本 章 小 结

（1）通过视觉观察、微观结构分析、化学组分分析等对人工老化后木材表面变化进行了研究。短期人工老化试验（紫外照射和湿气喷淋等）造成落叶松热处理材和未处理材的严重劣化。

（2）随着人工老化的进行，热处理材和未处理材表面均趋于灰白，细胞壁出现微小裂痕，纹孔发生劣化并受到微生物侵袭。木材表面颜色的变化主要与抽提物和木质素的降解有关。

（3）在短时间人工老化试验中，与未处理材相比，热处理材展现出更好的光稳定性。

（4）而对于长期户外使用的热处理材，热处理工艺并不能实现足够的抗光降解能力。高温热处理工艺造成半纤维素降解、木质素相对含量升高、抽提物降解和挥发，进而造成了人工老化试验下热处理材和未处理材光降解行为的差异。

参 考 文 献

[1] Stamm A J, Hansen L A. Minimizing wood shrinkage and swelling: Effect of heating in various gases[J]. Industrial & Engineering Chemistry Research, 1937, 29 (7): 831-833.

[2] Dirol D, Guyonnet R. The improvment of wood durability by retification process[C]. The international research group on wood preservation Section 4 Report prepared for the 24 Annual Meeting, 1993.

[3] Bekhta P, Niemz P. Effect of high temperature on the change in color, dimensional stability and mechanical properties of spruce wood[J]. Holzforschung, 2003, 57 (5): 539-546.

[4] Anderson E L, Pawlak Z. Infrared studies of wood weathering. Part I: softwoods[J]. Applied Spectroscopy, 1991, 45 (4): 641-647.

[5] Tomak E D, Ustaomer D, Yildiz S, et al. Changes in surface and mechanical properties of heat treated wood during natural weathering[J]. Measurement, 2014, 53 (7): 30-39.

[6] Forsthuber B, Müller U, Teischinger A, et al. A note on evaluating the photocatalytical activity of anatase TiO$_2$ during photooxidation of acrylic clear wood coatings by FTIR and mechanical characterization[J]. Polymer Degradation & Stability, 2014, 105 (7): 206-210.

[7] George B, Suttie E, Merlin A, et al. Photodegradation and photostabilisation of wood-the state of the art[J]. Polymer Degradation & Stability, 2005, 88 (2): 268-274.

[8] Pandey K K, Pitman A J. FTIR studies of the changes in wood chemistry following decay by brown-rot and white-rot fungi[J]. International Biodeterioration & Biodegradation, 2003, 52 (3): 151-160.

[9] Abu-Sharkh B F, Hamid H. Degradation study of date palm fibre/polypropylene composites in natural and artificial weathering: Mechanical and thermal analysis[J]. Polymer Degradation & Stability, 2004, 85 (3): 967-973.

[10] Nuopponen M, Vuorinen T, Jamsa S, et al. Thermal modifications in softwood studied by FT-IR and UV resonance Raman spectroscopies[J]. Journal of Wood Chemical Technology, 2004, 24: 13-26.

[11] Colom X, Carrillo F, Nogués F, et al. Structural analysis of photodegraded wood by means of FTIR

spectroscopy[J]. Polymer Degradation & Stability，2003，80（3）：543-549.

[12] Peng Y，Liu R，Cao J. Characterization of surface chemistry and crystallization behavior of polypropylene composites reinforced with wood flour, cellulose, and lignin during accelerated weathering[J]. Applied Surface Science，2015，332：253-259.

[13] Beall F C. Thermogravimetric analysis of wood lignin and hemicelluloses[J]. Wood & Fiber Science，1969，3：215-226.

[14] Yildiz S，Tomak E D，Yildiz U C，et al. Effect of artificial weathering on the properties of heat treated wood[J]. Polymer Degradation & Stability，2013，98（8）：1419-1427.

[15] Podgorski L，Merlin A，Deglise X. Analysis of the natural and artificial weathering of a wood coating by measurement of the glass transition temperature[J]. Holzforschung，1996，50（50）：282-287.

[16] Pizzo B，Pecoraro E，Alves A，et al. Quantitative evaluation by attenuated total reflectance infrared（ATR-FTIR）spectroscopy of the chemical composition of decayed wood preserved in waterlogged conditions[J]. Talanta，2015，131：14-20.

[17] Srinivas K，Pandey K K. Photodegradation of thermally modified wood[J]. Journal of Photochemistry & Photobiology B Biology，2012，117：140-145.

[18] Stark N M，Matuana L M. Characterization of weathered wood-plastic composite surfaces using FTIR spectroscopy, contact angle, and XPS[J]. Polymer Degradation & Stability，2007，92（10）：1883-1890.

[19] Menezzi C H S D，Souza R Q D，Thompson R M，et al. Properties after weathering and decay resistance of a thermally modified wood structural board[J]. International Biodeterioration & Biodegradation，2008，62（4）：448-454.

[20] Ates S，Akyi Ldi Z M H，Ozdemi R H. Effects of heat treatment on calabrian pine（*Pinus brutia* Ten.）wood[J]. Bioresources，2009，4（3）：1032-1043.

[21] Salca E A，Hiziroglu S. Evaluation of hardness and surface quality of different wood species as function of heat treatment[J]. Materials & Design，2014，62（10）：416-423.

[22] Li M Y，Cheng S C，Li D，et al. Structural characterization of steam-heat treated Tectona grandis wood analyzed by FT-IR and 2D-IR correlation spectroscopy[J]. Chinese Chemical Letters，2015，26（2）：221-225.

[23] Shi J L，Kocaefe D，Amburgey T，et al. A comparative study on brown-rot fungus decay and subterranean termite resistance of thermally-modified and ACQ-C-treated wood[J]. Holz als Roh-und Werkstoff，2007，65（65）：353-358.

[24] Nuopponen M，Wikberg H，Vuorinen T，et al. Heat-treated softwood exposed to weathering[J]. Journal of Applied Polymer Science，2003，91（4）：2128-2134.

[25] Beall F C，Eickner H W. Thermal degradation of wood components：A review of the literature[M]. Madison：Research Papers United States Forest Products Laboratory，1970.

[26] Guo J，Song K，Salmén L，et al. Changes of wood cell walls in response to hygro-mechanical steam treatment[J]. Carbohydrate Polymers，2015，115：207-214.

[27] Brischke C，Welzbacher C R，Brandt K，et al. Quality control of thermally modified timber：Interrelationship between heat treatment intensities and CIE $L^*a^*b^*$ color data on homogenized wood samples[J]. Holzforschung，2007，61（1）：19-22.

[28] 杨少春，王克奇，戴天虹，等. 基于 $L^*a^*b^*$ 颜色空间对木材分类的研究[J]. 林业机械与木工设备，2007，35（10）：28-30.

[29] Ayadi N，Lejeune F，Charrier F，et al. Color stability of heat-treated wood during artificial weathering[J]. Holz als Roh-und Werkstoff，2013，61（3）：221-226.

[30] Karlsson O，Morén T. Colour stabilizations of heat modified Norway spruce exposed to out-door conditions[C]. Skelleftea：Proceedings 11th International IUFRO Wood Drying Conferance，2010：265-268.

[31] Huang X，Kocaefe D，Kocaefe Y，et al. A spectrocolorimetric and chemical study on color modification of heat-treated wood during artificial weathering[J]. Applied Surface Science，2012，258（14）：5360-5369.

5　热处理木材燃烧性能研究

5.1　引　　言

  木材作为一种可再生自然资源，由于其特有的高强重比、触感、纹理、冷暖度及相对合理的价格被广泛应用于建筑用材、地板、家具和室内装饰材料。高温热处理改性过程不添加任何化学药剂，通过高温处理工艺可以改善和提高速生人工林木材的品质[1, 2]（颜色美观，吸湿性降低，尺寸稳定性、耐腐性和耐候性显著提高），它可部分替代优质天然林木材，是一种环境友好型材料[3]。近几年这已经成为木材行业的热点，引起研究者的广泛关注。热处理木材已经广泛地用于室内（家具、地板、壁板、室内装饰、门窗、桑拿房地板和木结构等）和室外（房屋外墙板、庭院家具、露天地板建筑）[4]。

  高温热处理造成木材的主要组分发生改性，特别是无定形多糖类物质（半纤维素）的热解及木质素的再缩合和交联反应[4-6]。热处理过程中木材释放小分子挥发性抽提物、多糖热解、纤维素断链、木质素降解等，均将影响处理材的热解性能、燃烧性能和烟气释放等。而作为室内外大量使用的热处理材在火灾中的安全性鲜有研究。本章研究高温热处理对木材燃烧性能的影响，重点对热处理材的引燃时间、热释放速率、质量损失速率和烟气释放量进行研究。

5.2　试验与测试方法

5.2.1　热处理工艺

  经过烘箱常规干燥后，木材试样进行高温热处理。生物质燃气作为保护气体，通过工业化生物质燃气热处理箱对木材进行处理，保温温度分别为180℃、190℃、210℃（生物质燃气热处理木材产品的常用温度），保温时间6h。利用热处理箱内的10个热电偶检测箱内温度，温度控制精度为±1℃。随后将所有试样放入恒温恒湿箱等待燃烧性能测试。

5.2.2　热重分析

  PerkinElmer系统Pro-6热重分析系统在氮气氛围下，将试样由室温加热到800℃，升温速率为 10℃/min，氮气流速为 25mL/min。每个热解试验设定两个重复样。通过热重分析（TGA）系统记录样品的失重-时间曲线。

5.2.3　微观结构分析

8mm×8mm×2mm 样品通过导电胶固定在标准铝样品台上，表面进行 140s 喷金处理（BAL-TEC SCD 005），负载电流（applied current）为 23mA。采用 FEI Quanta 200 扫描电子显微镜（美国，俄勒冈州，Hillsboro），加速电压为 10～15kV，测试温度为室温（约 30℃），真空度为 0.83Torr（相当于 110.66Pa）。

5.2.4　傅里叶变换红外光谱分析

所有试样的木粉均置于 103℃的烘箱中进行 24h 常规干燥，随后与溴化钾混合制样。傅里叶变换红外光谱仪 Magna-IR 560 E.S.P 扫描 40 次，测试范围 4000～400cm^{-1}，分辨率为 4cm^{-1}。

5.2.5　燃烧性能测试

根据 ISO 5660-1，利用锥形量热仪（英国 FTT 公司，Cone Calorimeter，Stanton Redcroft）进行热处理材及未处理材的燃烧试验。锥形量热仪的热通量（即热辐射功率）为 50kW/m^2（对应温度为 760℃）。所有样品放在水平的样本夹具上，将试样用不锈钢网格固定，以防止在加热测试过程中试样的弯曲和膨胀。

5.3　结果与讨论

5.3.1　热重分析

图 5-1 为高纯氮气作为载流气体下未处理材及热处理材的热重分析结果（TGA 和 DTG 曲线），详细参数列于表 5-1 中。通过各试样的热降解曲线，木材热解第一阶段出现的失重峰，主要是由木材中所含水分的气化过程造成的[7, 8]，其他木质纤维素类材料也有同样特征[9]。随热处理强度的提高，此阶段所产生的质量损失率逐渐降低，这与热处理材含水率小于未处理材的结果一致。

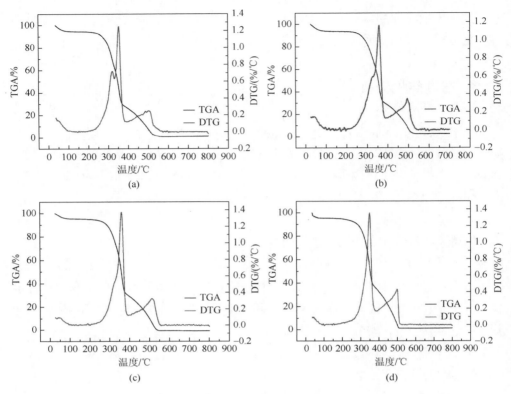

图 5-1　热处理及未处理木材热重曲线

（a）未处理；（b）180℃热处理材；（c）190℃热处理材；（d）210℃热处理材

表 5-1　氮气环境下落叶松的热重测试数据

试样	第一阶段		第二阶段			第三阶段			700℃残留/%
	温度/℃	质量损失率/%	温度/℃	T_{max}/℃	质量损失率/%	温度/℃	T_{max}/℃	质量损失率/%	
H0	20~110	5.56	197~394	353.8	67.7	394~558	506.1	25.46	0.932
H1	20~99	6.26	184~399	357.2	65.6	399~535	493.2	25.51	2.408
H2	20~99	2.55	183~390	359.9	65.0	390~549	511.1	30.82	1.095
H3	20~81	2.55	184~381	348.0	59.4	381~514	514.0	34.56	3.022

注：H0 为未处理材；H1~H3 为热处理材。

　　木材三大主要组分（纤维素、半纤维素和木质素）的热降解反应已有大量研究，半纤维素降解温度为 180~300℃、纤维素为 300~400℃、木质素为 200~900℃。在热解的第二阶段（180~390℃），最大质量损失率出现在 350℃左右位置（表 5-1），主要源于无定形区的半纤维素的热解、纤维素快速热解形成木炭和挥发性中间产物的溢出（CO_2，CO，CH_4，CH_3OH 和 CH_3COOH）[10, 11]。半纤维素降解所需的活化能明显小于具有良好结晶取向的纤维素[12]，因此半纤维素首先发生降解反应。第二阶段未处理材质量损失率为 67.7%，明显高于热处理材。三个热处理材样品在 320℃ 左右未出现与未处理材相似的失重峰，表明高温热处理改性过程已将大部分半纤维素降解掉[13]。纤维素也在第二阶段发生热解反应。绝大部分的质量损失发生在 180～400℃ 范围内，所有试样的最大失重速率均出现在 350℃ 左右。在热解过程中，1→4 糖苷键的断裂缩短了纤维素链的长度，随后左旋葡萄糖发生降解反应[13, 14]。

第三阶段的失重峰对应于木质素的降解，在所有试样中均有出现[15]。木质素作为木材组分中耐热性最好的组分[16, 17]，因此木素热分解在较宽的温度范围内缓慢地进行。根据热重测试中各试样的比较，热处理材在第三阶段失重率更大，这是由热处理材中木质素相对含量较高造成的。在 180～550℃ 范围内，木材总失重率接近 90%，表明木材的主要组分均已热解，只剩下少量残余纤维素和灰分物质。由于木质素中的苯丙烷类衍生物构成复杂的高分子芳香化合物具有很强的化学稳定性，其热分解过程与纤维素和半纤维素相比具有更小的降解速率和更高的降解温度。

5.3.2 SEM 微观形貌分析

通过 SEM 观察未处理材、180℃ 热处理材、190℃ 热处理材和 210℃ 热处理试样横切面的微观形貌（图 5-2）。

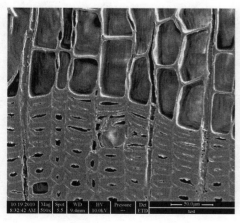
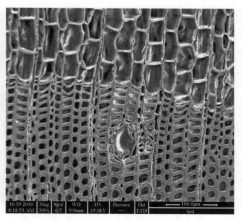

(a)　　　　　　　　　　　　(b)

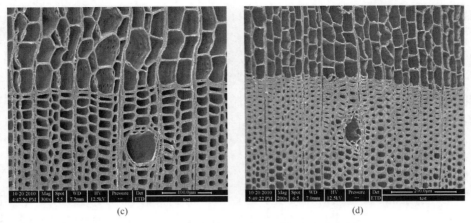

(c)　　　　　　　　　　　　　　(d)

图 5-2　热处理及未处理落叶松横切面 SEM 图

（a）未处理；（b）180℃；（c）190℃；（d）210℃

　　未处理材具有完好的早晚材细胞壁，其树脂道被抽提物填充。180℃处理材晚材细胞壁中出现部分微小的裂痕，而对其早材细胞壁影响不大。190℃热处理材的晚材裂纹趋于更加密集，裂痕沿轴向破裂更深。对于处理强度最大的 210℃热处理材，晚材细胞壁出现部分贯穿式裂痕，同时早材细胞壁间隙变大。与未处理材相比，热处理后木材仍然保持稳定的细胞排列结构，同时落叶松细胞壁出现了部分裂痕。大部分处理材细胞壁均发生变形，如管胞的倾斜和胞壁的裂纹。通过比较图 5-2，明显看出 190℃热处理材管胞早材基本保持完好，而其晚材管胞出现一些微小裂纹。210℃热处理材出现更多明显的裂痕。未处理材树脂道内充满了抽提物，而190℃热处理材树脂道中抽提物部分流失，210℃热处理材抽提物完全排出树脂道。图 5-3 为热处理前后落叶松轴向管胞次生壁上纹孔的 SEM 图。未处理材纹孔膜

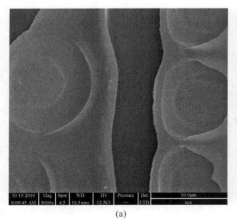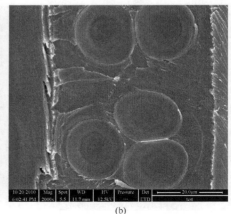

(a)　　　　　　　　　　　　　　(b)

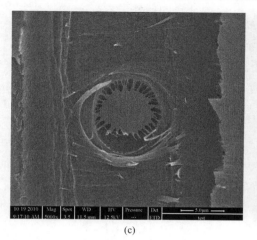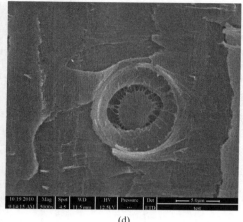

(c)   (d)

图 5-3 热处理前后落叶松轴向管胞次生壁上纹孔的 SEM 图

(a) 未处理；(b) 180℃；(c) 190℃；(d) 210℃

和纹孔塞均完好，纹孔口呈闭塞状态。180℃处理材纹孔膜出现部分的裂纹，但纹孔塞和纹孔腔仍然保持其原有结构。190℃处理材纹孔膜出现密集型的破裂，大部分纹孔膜发生热解。而对于 210℃热处理材，纹孔膜已经被完全热解，仅残余部分纹孔塞。

SEM 观察与之前的热重分析结果一致。高温改性后木材细胞壁中半纤维素发生严重降解，造成细胞壁裂纹的形成[18, 19]。随着热处理温度的升高，木材细胞壁结构变得松散和易碎。同时微观形貌分析中观察到高温改性处理材的细胞壁物质损失。

5.3.3 FTIR 分析

未处理及热处理落叶松试样的红外光谱图列于图 5-4，用以研究热处理后样品组分变化。对热处理及未处理样品波谱进行比较分析。

在 $500\sim4000cm^{-1}$ 范围内红外光谱图的特征峰列于表 5-2。总体来说，由于热处理木材成分变化造成 FTIR 峰位及峰强度发生变化[20]。在图 5-4 中，$3335cm^{-1}$ 处吸收峰对应 O—H 伸缩振动，随热处理温度升高，峰强度逐渐降低，即木材中的亲水性羟基数目减少，造成木材亲水性降低。高温下木材中的羟基较为活跃，在水分、氧气和热量等作用下易发生氧化反应生成羧基、醛基或酮基等。$1700cm^{-1}$ 和 $1750cm^{-1}$ 处吸收峰对应的 C＝O 基团主要来自木质素和半纤维素中的共轭酮和羧酸[21]。C＝O 基团吸收峰强度的降低提供了关于热处理过程化学反应的一些信息，这主要是由于乙酰基侧链的断裂以及脂肪酸类物质的分解和挥发（而半纤维素中存在大量酯基和羧基类官能团)。FTIR 波谱中大量羟基和羧基的减少表明热处理材半纤维素的降解。而半纤维素的降解恰恰是造成木材细胞壁裂痕的原因，同时在 SEM 中也可观察到热处理材细胞壁的裂纹。Brosse 等认为热处理过程伴随着木质素 β-芳基-醚键的断裂，紧接着木质素间发生了缩合反应和交联反应[22]，形成全新的网状交联结构。

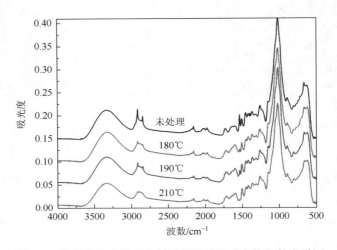

图 5-4　热处理及未处理木材试样的傅里叶变换红外光谱图

180℃热处理样品在 1715cm⁻¹ 处存在的吸收峰对应着热裂解的中间产物[23]，如羧酸类物质。这些酸类物质可以作为催化剂加速半纤维素的热降解反应[24]。1592cm⁻¹ 和 1509cm⁻¹ 处吸收峰对应木质素苯环的碳骨架结构[25]。热处理后这些吸收峰强度的提高，主要是由于木材半纤维素的降解和木质素相对含量的提高。1264cm⁻¹ 处对应的羧基吸收峰强度略微降低。只有热处理温度超过 200℃时，此吸收峰强度才出现明显降低，证明了半纤维素中乙酰的断裂与 TGA 研究结果一致[26]。895cm⁻¹ 处吸收峰对应纤维素的反对称面外伸缩振动。此吸收峰由于半纤维素的解聚反应而逐渐降低。以上分析结果验证了第 2 章的木材吸水性减小和尺寸稳定性提高等结论。

表 5-2　热处理及未处理落叶松 500～4000cm⁻¹ 范围内的红外光谱特征峰

波数/cm⁻¹				官能团	振动类型
未处理	180℃	190℃	210℃		
3335	3334	3335	3335	醇类、酚类和酸类的 O—H	O—H 伸缩振动
2848～2916	2848～2916	2848～2916	2849～2916	CH_2、CH 和 CH_3	C—H 伸缩振动
1716	1715	1715	1716	酯类、酮类、醛类和酸类的 C＝O	C＝O 伸缩振动

续表

波数/cm^{-1}				官能团	振动类型
未处理	180℃	190℃	210℃		
1603	1602	1601	1601	芳环（紫丁香基木质素）	苯环伸展振动
1509	1509	1510	1509	芳环（愈创木基木质素）	苯环伸展振动
1455	1452	1453	1451	C—H（木质素、多糖）和芳香碳骨架	C—H 弯曲振动
1421	1423	1423	1423	C—H 和芳环	苯环骨架结构与C—H 键振动
1370	1368	1368	1368	C—H（纤维素和半纤维素）	C—H 弯曲振动
1318	1315	1316	1316	O—H（纤维素和半纤维素）	面内弯曲振动
1263	1264	1264	1265	CO—OR（半纤维素酰氧基）；芳环醚（木质素）	CO—OR 伸缩振动
1018.7	1022	1021	1023	C—O—C	C—O 变形振动
895	895	896	896	吡喃糖环	吡喃糖环的反对称面外伸缩振动

5.3.4 燃烧性能测试分析

锥形量热仪（CONE）被广泛用于评价燃烧性能参数。引燃时间（TTI）、热释放速率（HRR）、总热释放量（THR）、质量损失速率（MLR）、比消光面积（SEA）、烟气释放速率（SPR）和总烟气释放量（TSP）是评价生物质材料燃烧性能的重要参数，可以反映材料燃烧过程的质量损失程度、热量及烟气释放情况。图 5-5～图 5-7 分别为具有代表性的 MLR、HRR、SPR 和 TSP 随时间变化的曲线，用以描述未处理材和热处理材的燃烧行为和烟气释放情况，有助于了解有关材料的火灾危险及有毒气体的排放。笔者对不同热处理工艺下木材的燃烧性能进行测试，具体测试数据见表 5-3。

5.3.4.1 质量损失速率

质量损失速率（mass loss rate，MLR）表示木材单位时间所减少的质量，单位是 g/s，是反映燃烧过程中热分解反应速率的重要参数之一，并在释放热量和烟雾排放中起着非常重要的作用。高温热处理工艺作为一种温和的木材改性方法，在一定程度上改变了木材 MLR 曲线的变化趋势。

由图 5-5 可见，热流辐射强度为 50kW/m² 条件下，未处理材、180℃和 190℃热处理试样 MLR 曲线出现明显波动，而 210℃处理材则明显平稳得多，这可能与燃烧过程中挥发性可燃物质的溢出有关。210℃热处理过程基本将木材内部的可燃性挥发物质（特别是松节油和树脂等）除去，因此在 CONE 测试中基本没有这类物质的参与，最终使 MLR 曲线较为平缓。所有试样的燃烧/热解反应可划分为两个阶段：MLR 曲线的第一阶段主要是木材中水分的流失；第二阶段主要涉及木材主要主成成分（纤维素、半纤维素和木质素）的热分解和燃烧反应。由图 5-5 可得，燃烧初期热处理材释放的水分明显小于未处理材，此结果与热处理材湿含量研究结果一致。

表 5-3　热处理对木材燃烧性能的影响

热处理温度/℃	热释放速率					THR/（mJ/m²）	av-SEA/（m²/s）	TTI/s
	pk-HRR/（kW/m²）		av-HRR/（kW/m²）					
	1st	2nd	q″60	q″180	q″300			
—	169.6	247.6	122.9	102.8	132.4	49.5	60.5	18.0
180.0	175.3	219.8	121.4	107.6	131.6	49.0	68.0	19.0
190.0	136.1	150.2	126.6	96.2	115.7	42.0	57.5	22.0
210.0	139.2	144.2	104.2	90.2	102.5	36.8	86.9	13.0

其中：pk-HRR 表示热释放速率峰值；av-HRR 表示平均热释放速率；1st 表示第一放热峰；2nd 表示第二放热峰；q″60 表示 60s 内；q″180 表示 180s 内；q″300 表示 300s 内。

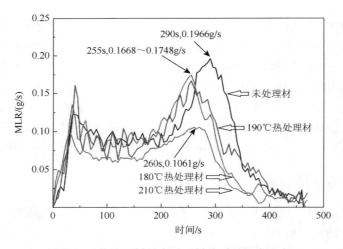

图 5-5　热处理材及未处理材的质量损失速率

引燃时间（time to ignition，TTI）表示在设定的热流辐射强度下（此试验为 50kW/m²）下，用标准火源点燃（电弧火源），样品由热辐射开始到材料表面出现持续点燃现象的时间，单位是 s。180℃和 190℃热处理使落叶松引燃时间延长，由 18s 分别提高到 19s 和 22s；而 210℃热处理引燃时间则显著降低至 13s。热处理材引燃时间的差异可能是由其密度的差异造成的，一般认为密度越大，木材的引燃时间越长。由第 2 章密度测试结果得，180℃和 190℃热处理材密度均较未处理材有所提高，而 210℃热处理材密度明显低于未处理材。另外，未处理材中水分的挥发带走部分热量从而降低了木材表面的温度，一定程度上也限制了第一放热峰，也就延长了引燃时间。对于 210℃热处理材的平衡含水率本身便低于未处理材，水分吸收热量的作用较小。热处理材通畅的树脂道和细胞壁上形成的裂缝均有利于水分轴向和横向移动，使水分快速挥发释放。同时热处理过程产生的挥发性脂肪酸在引燃过程中也可作为有效燃料促进燃烧的发生。

在燃烧的初期阶段，热处理材 MLR 曲线仅出现轻微变化。而第二阶段热处理材的 MLR 峰较未处理材出现更早的失重峰并且峰值明显降低。180℃、190℃和 210℃热处理材第二失重峰值较未处理材分别降低了 11%、15%和46%。热处理过程使木材抽提物溢出，半纤维素降解，同时高温热处理能有效促进残炭的形成[27]。210℃热处理材 MLR 的两个失重峰均明显降低，这表明此热处理能有效降低木材燃烧的激烈程度，这与 FTIR 和 TGA 分析结果一致。热处理过程中木质素的缩合反应和交联反应促进残炭形成，促进早期燃烧过程发生碳化反应。热处理材燃烧过程的失重峰峰值更低，对于木材燃烧安全性是有利的。

5.3.4.2　热释放速率

热释放速率（heat release rate，HRR）表示单位时间单位表面积（此试验中为100mm×100mm）试样燃烧所释放的热量，是锥形量热计测量的主要参数之一，也是用来评估材料燃烧行为最重要的参数[28]。锥形量热计能够记录试样燃烧过程中 HRR 随时间的实时演变曲线，曲线的最大值称为热释放速率峰值（pk-HRR）。pk-HRR 越大表明材料表面释放热量越多，将进一步促进火焰的传播，也就使火灾的危害性更大。由表 5-3 和图 5-6 可知，热处理后木材燃烧过程的两个 pk-HRR值明显降低。210℃热处理试样的第一个热释放速率峰（139.2kW/m^2）在 25s 时出现，这与其引燃时间最短的试验结果一致。未处理材第二个热释放速率峰值最大（247.6kW/m^2）且出现的时间最晚（290s）。随热处理强度的提高，燃烧过程中处理材的第二个 pk-HRR、300s av-HRR 和总热释放量（THR）均逐渐降低。210℃处理材的 300s 平均热释放速率（av-HRR）和最大热释放峰值（pk-HRR）较未处理材降低了 23%和 42%。

热处理材表现出更低的 HRR 峰值，这对于降低火灾危害有积极作用。在燃烧过程的末段，HRR 逐渐降低趋于平稳，并且热处理材的 HRR 曲线放热峰值更低、区间更宽阔。由表 5-3 得，热处理材具有相对更低的 THR，随热处理温度的升高，THR 逐步降低。与未处理材相比，210℃热处理材 THR 降低达 25.7%。总体上，深度热处理对木材的 HRR 有一定的降低作用。

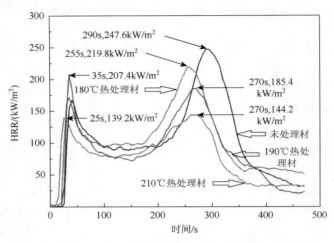

图 5-6　热处理及未处理木材试样的热释放速率

5.3.4.3　烟气释放量

在研究木材安全性上，烟气产量通常是最重要的考虑因素而非热量释放[29]。图 5-7 为未处理及热处理试样的烟气释放情况。所有试样第一个烟气释放速率（SPR）峰位均在 30s 附近，此时燃烧属于无焰燃烧，烟气释放迅速提高。但 210℃热处理材的第一个 SPR 峰值明显高于其他试样。未处理材第二个 SPR 峰出现时间明显晚于热处理材，峰值也达到了 0.03279m²/s。由于 210℃热处理材燃烧初期呈现出较高的 SPR，在燃烧 200s 时其总烟气释放量（TSP）高于未处理材 1.19m²。未处理材第二个 SPR 峰的滞后造成其 TSP 趋于稳定的时间也较热处理材延后 85s 左右。在整个燃烧过程中，210℃热处理材试样 TSP 较未处理材增加了 1.578m²。

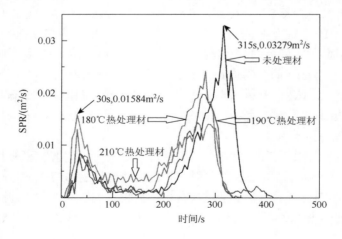

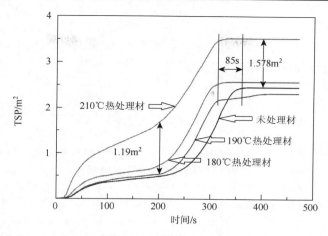

图 5-7   热处理及未处理木材试样的烟气释放速率和总烟气释放量

烟气释放过程可分为三个阶段：①无焰燃烧；②有焰燃烧；③后续辉光过程。由图 5-7 可明显看出，在燃烧的第一阶段和第二阶段，210℃处理材烟气释放明显多于未处理材。这可能是由于高温热处理改性过程造成轴向树脂道通畅，细胞壁和纹孔均产生裂痕（图 5-2 和图 5-3），使得木材更趋于多孔性材料，使燃烧不够充分从而形成更多烟气[30]。热处理增加了单位质量木材燃烧的烟气生成量，也可能由于热处理过程中木材半纤维素的热解形成的小分子与氧气首先反应，燃烧在相对缺氧的环境下进行从而产生更多烟气。另外，热处理材中降解木质素酚类物质增多，愈创木基结构通过 5,5-二酚基形成二甲苯类物质，在燃烧体系内以气体形式释放，产生更多的烟气[31]。因此，对于室内外热处理木材的火灾安全性应得到足够重视并需要进一步的研究。由表 5-3 和图 5-7 得，热处理过程增加了木材的平均比消光面积（av-SEA）和总烟气释放量（TSP）。与未处理材相比，180℃、190℃和210℃热处理木材总烟气释放量分别提高 4.76%、降低 5.5% 和提高 43.3%。根据以上研究结果，高温热处理工艺对于木材烟气释放性能存在消极影响。

5.4   本 章 小 结

（1）高温热处理造成细胞壁微小裂痕的形成，同时树脂道中抽提物含量减少。

（2）由于热处理过程中木材半纤维素发生降解反应，热处理材红外谱图中羟基、羰基吸收峰强度明显降低，热处理材亲水性降低，这是热处理材尺寸稳定性提高的主要原因。

（3）高温热处理减弱了木材燃烧的质量损失速率（MLR）和热释放速率（av-HRR 和 pk-HRR），降低了木材燃烧的剧烈程度，表现出对降低火灾危害的积极作用。

（4）热处理落叶松的引燃时间缩短，处理材的烟气释放（SPR 和 TSP）增加。这与热处理过程形成的复杂热解产物和木质素相对含量增加燃烧产生更多的酚类物质有关。

参 考 文 献

[1] Poncsak S, Kocaefe D, Younsi R. Improvement of the heat treatment of Jack pine (*Pinus banksiana*) using ThermoWood technology[J]. Holz als Roh-und Werkstoff, 2011, 69 (2): 281-286.

[2] Tjeerdsma B F, Militz H. Chemical changes in hydrothermal treated wood: FTIR analysis of combined hydrothermal and dry heat-treated wood[J]. Holz als Roh-und Werkstoff, 2005, 63 (2): 102-111.

[3] Boonstra M J, Tjeerdsma B. Chemical analysis of heat treated softwoods[J]. Holz als Roh-und Werkstoff, 2006, 64 (3): 204-211.

[4] Yildiz S, Gezer E D, Yildiz U C. Mechanical and chemical behavior of spruce wood modified by heat[J]. Building & Environment, 2006, 41 (12): 1762-1766.

[5] Kasemsiri P, Hiziroglu S, Rimdusit S. Characterization of heat treated Eastern redcedar (*Juniperus virginiana* L.)[J]. Journal of Materials Processing Technology, 2012, 212 (6), 1324-1330.

[6] Rowell R M, Ibach RE, McSweeny J, et al. Understanding decay resistance, dimensional stability and strength changes in heat-treated and acetylated wood[J]. Wood Material Science & Engineering, 2009, 4 (1-2): 14-22.

[7] Kim J Y, Hwang H, Oh S, et al. Investigation of structural modification and thermal characteristics of lignin after heat treatment[J]. International Journal of Biological Macromolecules, 2014, 66 (5): 57-65.

[8] d'Almeida A L F S, Barreto D W, Calado V, et al. Thermal analysis of less common lignocellulose fibers[J]. Journal of Thermal Analysis & Calorimetry, 2008, 91 (91): 405-408.

[9] Das S, Saha A K, Choudhury P K, et al. Effect of steam pretreatment of jute fiber on dimensional stability of jute composite[J]. Journal of Applied Polymer Science, 2000, 76 (11): 1652-1661.

[10] Becidan M, Skreiberg Ø, Hustad J E. Products distribution and gas release in pyrolysis of thermally thick biomass residues samples[J]. Journal of Analytical and Applied Pyrolysis, 2007, 78 (1), 207-213.

[11] Várhegyi G, Antal M J, Jakab E, et al. Kinetic modeling of biomass pyrolysis[J]. Journal of Analytical & Applied Pyrolysis, 1997, 42 (1): 73-87.

[12] Raveendran K, Ganesh A, Khilar K C. Pyrolysis characteristics of biomass and biomass components[J]. Fuel, 1996, 75 (8): 987-998.

[13] Hosoya T, Kawamoto H, Saka S. Cellulose-hemicellulose and cellulose-lignin interactions in wood pyrolysis at gasification temperature[J]. Journal of Analytical & Applied Pyrolysis, 2007, 80 (1): 118-125.

[14] Gu X, Xu M, Li L, et al. Pyrolysis of poplar wood sawdust by TG-FTIR and Py-GC/MS[J]. Journal of Analytical & Applied Pyrolysis, 2013, 102 (7): 16-23.

[15] Eseltine D, Thanapal S S, Annamalai K, et al. Torrefaction of woody biomass (Juniper and Mesquite) using inert and non-inert gases[J]. Fuel, 2013, 113 (2): 379-388.

[16] Garcia-Perez M, Wang S, Shen J, et al. Effects of Temperature on the formation of lignin-derived oligomers during the fast pyrolysis of mallee woody biomass[J]. Energy Fuels, 2008, 22 (3): 2022-2032.

[17] Hosoya T, Kawamoto H, Saka S. Thermal stabilization of levoglucosan in aromatic substances[J]. Carbohydrate

Research，2006，341（13），2293-2297.

[18] Stanzl-Tschegg S，Beikircher W，Loidl D. Comparison of mechanical properties of thermally modified wood at growth ring and cell wall level by means of instrumented indentation tests[J]. Holzforschung，2009，63（4）：443-448.

[19] Menezzi C H S D，Souza R Q D，Thompson R M，et al. Properties after weathering and decay resistance of a thermally modified wood structural board[J]. International Biodeterioration & Biodegradation，2008，62（4）：448-454.

[20] Hakkou M，Petrissans M，Zoulalian A，et al. Investigation of wood wettability changes during heat treatment on the basis of chemical analysis[J]. Polymer Degradation and Stability，2005，89（1），1-5.

[21] Evans P A. Differentiating "hard" from "soft" woods using fourier transform infrared and fourier transform raman spectroscopy[J]. Spectrochimica Acta Part A：Molecular Spectroscopy，1991，47（9），1441-1447.

[22] Brosse N，Hage R E，Chaouch M，et al. Investigation of the chemical modifications of beech wood lignin during heat treatment[J]. Polymer Degradation & Stability，2010，95（9）：1721-1726.

[23] Singh T，Singh A P，Hussain I，et al. Durability assessment and chemical characterization of torrefied radiata pine (*Pinus radiata*) wood chips[J]. International Biodeterioration & Biodegradation，2013，85 347-353.

[24] Alén R，Kotilainen R，Zaman A. Thermochemical behavior of Norway spruce(*Picea abies*)at 180-225℃[J]. Wood Science & Technology，2002，36（2）：163-171.

[25] González-Peña M M，Hale，M D C. Colour in thermally modified wood of beech，Norway spruce and Scots pine. Part 1：colour evolution and colour changes[J]. Holzforschung，2009，63（4）：385-393.

[26] 曹新鑫，罗四海，张崇，等. 聚氯乙烯树脂阻燃抑烟性能的研究进展[J]. 材料导报，2012，26（19）：78-80.

[27] Patwardhan P R，Satrio J A，Brown R C，et al. Influence of inorganic salts on the primary pyrolysis products of cellulose[J]. Bioresource Technology，2010，101（12）：4646-4655.

[28] Fang Y，Wang Q，Guo C，et al. Effect of zinc borate and wood flour on thermal degradation and fire retardancy of polyvinyl chloride（PVC）composites[J]. Journal of Analytical & Applied Pyrolysis，2013，100（100）：230-236.

[29] Lee B H，Kim H S，Kim S，et al. Evaluating the flammability of wood-based panels and gypsum particleboard using a cone calorimeter[J]. Construction & Building Materials，2011，25（7）：3044-3050.

[30] Senneca O. Kinetics of pyrolysis，combustion and gasification of three biomass fuels[J]. Fuel Processing Technology，2007，88（1）：87-97.

[31] Lewellen P C，Peters W A，Howard J B. Cellulose pyrolysis kinetics and char formation mechanism[C]. Symposium（International）on Combustion，1977：1471-1480.

6 热处理对木材化学组分的影响

6.1 引　言

木材高温热处理作为一种温和的热解技术，被广泛地用于提高木材耐久性和尺寸稳定性。根据前人的研究结果，木材组分的降解主要取决于热处理的强度，而处理材的各方面性能与热处理温度和时间有直接关系。Anderson 等[1, 2]研究表明木材主成分可用于预测高温热处理强度，随后可推测热处理过程的失重率进而预测处理材的耐久性。然而由于木材树种及本身化学结构的多样性，这方面研究仍处于验证阶段。

热处理过程中半纤维素降解形成阿拉伯糖、半乳糖及甘露糖等，同时降解产物乙酸可进一步催化木材的降解反应[3, 4]；无定形区的半纤维素发生热解反应使结晶度增加，结晶区增大[5]；木质素在高温下反应活性增强，发生交联反应和再缩合反应，从而形成了三维网络结构。木材中抽提物高温下由内部向表面迁移。这些木材细胞壁物质在高温热处理过程中的化学变化，最终造成处理材性能的变化[6]。

6.2　高温热处理对木材材性的影响

热处理改性技术使木材性能发生显著变化，如物理性能（密度、吸水性、吸湿解吸行为、平衡含水率和尺寸稳定性等）、力学性能（抗弯强度、弹性模量、抗冲击强度、脆性、硬度等）、木材材色、木材耐久性等。这都是由热处理改性过程中发生的大量化学反应造成的。其中高温热处理木材的主要组分（半纤维素、纤维素和木质素）的化学转变过程与热处理材的材性有着密切的联系。

半纤维素是木材细胞壁中的黏结物质，是木材三大主要组分中热稳定性最弱的成分，同时由于其含有大量支链，在高温热处理时发生严重的降解反应。其可能的降解途径见图 6-1。

木材受热时，木材细胞壁中半纤维素首先发生热解反应和脱乙酰化反应[7]，伴随着生成甲醇、乙醇、乙酸和其他芳香物质如呋喃、戊内酯等，同时半纤维素在热解形成的酸类物质催化作用下进一步降解产生半乳糖、阿拉伯糖、木糖和甘露糖等多种糖类物质，最终造成了木材中的半纤维素含量降低。由于纤丝微、纤

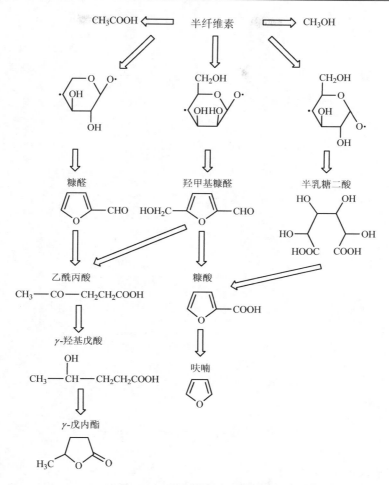

图 6-1 木材中半纤维素热解过程可能的降解途径

丝的填充物质半纤维素减少，无定形区的纤维素也发生降解和重组反应，造成处理材的结晶度提高。而半纤维素热解过程生成的糠醛类物质亲水性小于半纤维素，部分残余在木材细胞壁内部。半纤维素中大量羟基的减少也造成了木材吸水性和吸湿性的明显减小，从而降低了处理材的平衡含水率并提高了处理材的尺寸稳定性，但同时半纤维素的降解也使木材力学强度不同程度地降低。

　　而作为木材细胞壁中的另一个主要组分，纤维素在其中起到骨架物质的作用，赋予木材强度。纤维素的热稳定性强于半纤维素，其热降解温度为 280～375℃。由于纤维素大分子是由 β-D-葡萄糖单元通过 $\beta(1\rightarrow4)$ 键连接形成的线形直链大分子，其热裂解过程部分的 C—O 键发生断裂，而在水分和酸类物质存在的环境中更容易发生。随着降解的进一步进行，形成左旋葡萄糖和呋喃等特征产物，见图 6-2。

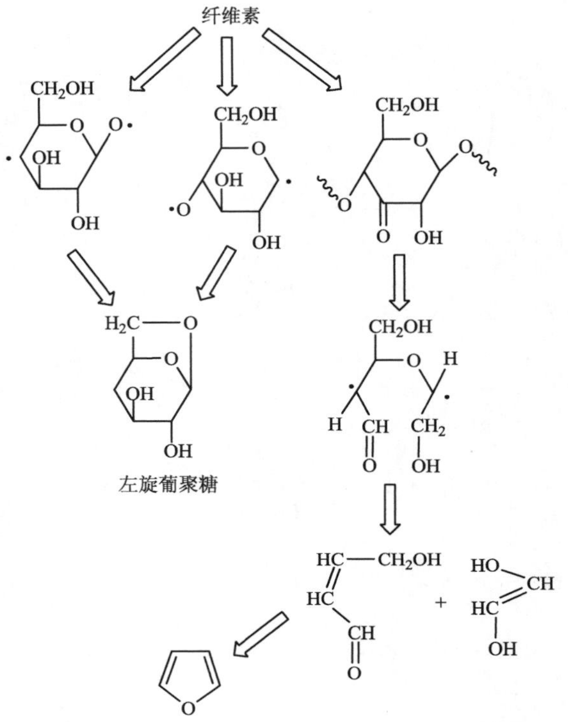

图 6-2　木材中纤维素热解过程可能的降解途径

　　由于半纤维素围绕在纤维素周围，热解过程中半纤维素生成的酸类物质也对纤维素稳定性产生影响。木材各组分降解形成的水分和酸类物质较容易进入纤维素的无定形区，促进了这一区域纤维素的降解反应。热处理后，由于纤维素间的水分减少，半纤维素和无定形区纤维素发生不同程度的降解，大量纤维素上羟基形成的氢键断裂，形成新的氢键结合，最终造成纤维素的取向性更好，纤维素结合更紧实，从而提高了处理材的结晶度，这也有助于处理材表面硬度的提高。但是，随着纤维素的热裂解反应进一步进行，纤维素大分子链发生严重断裂，使木材力学性能大大降低，如抗弯强度、抗冲击强度等。

　　木质素在木材细胞壁中起硬固和黏结的作用，主要存在于木材细胞与细胞之间（即复合胞间层，compound middle lamella），将木材细胞与细胞紧密地连接在一起。根据对木材热重及热重红外研究结果，木质素是木材三大组分中热稳定性最强的成分。木质素在很宽的温度区间内进行缓慢的热解反应。当木材加热到热处理的保温温度时，无定形的聚合物木质素反应活性提高，随着分子间自由体积的增加，木质素的大分子链段开始活动，分子间出现滑移。此时的木质素发生玻璃态转变呈现出黏流态，从而使木材内部连接减弱，木质素在木材内部流动，木材内部的应力也在这个过程中得到了释放。随着热处理的进行，木质素分子中大量 α-和 β-芳基-醚键发生断裂，相对分子质量随之降低，形成醛类物质，紧接着木质素间发生缩合反应和交联反应[8]，见图 6-3。

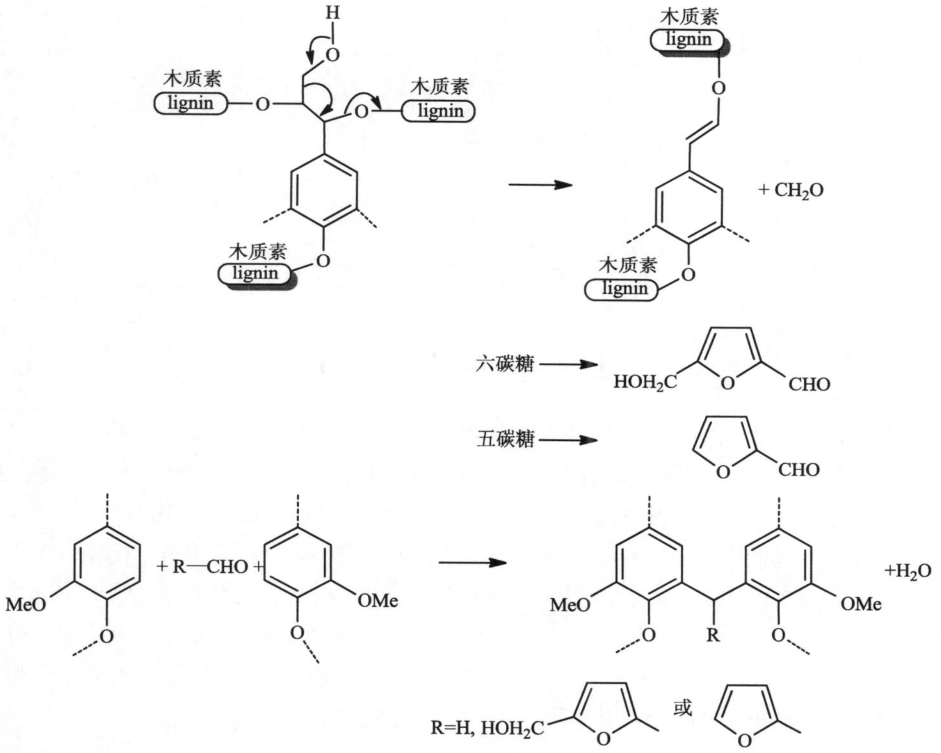

图 6-3 醛类物质形成机理及木质素的交联反应[8]

高温热处理工艺使木材半纤维素降解，同时伴随着水和酸类降解产物生成，使高温下的纤维素、半纤维素处于含有水和酸类物质的环境下，更进一步促进了其降解反应，木材的结晶度得到提高，见图 6-4。木质素在高温下反应活性增强，在温度高于玻璃化转变温度时，木质素的流动释放了木材内部的大量应力。热处理材抽提物含量及种类均有较大变化，这主要是三大主要组分的降解产物也划分到抽提物中所造成的。正是由于木材各化学组分的显著变化，处理材的物理性能（亲水性、尺寸稳定性和平衡含水率等）、力学强度（强度和韧性等）、生物耐久性、涂饰性能、胶合性能发生明显的变化，见图 6-4。

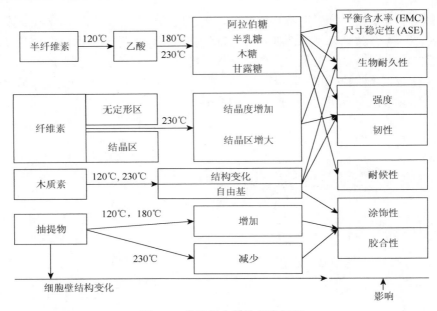

图 6-4　热处理木材的反应机理

　　木材主要组分（纤维素、半纤维素和木质素）在加热过程中以不同路径发生降解反应。纤维素和木质素降解较为缓慢，同时降解温度也高于半纤维素。木材中的抽提物降解更为容易，在热处理过程中这些化合物从木材中挥发出去。Meng 等[9]研究了 180℃和 200℃竹材热处理，结果表明高温显著改变了竹材的化学组分。由图 6-5 和图 6-6 可知，通过 X 射线光电子能谱（XPS）分析：C_1 含量有所增加（主要来源于木质素和抽提物），C_2 含量有所降低（主要来源于纤维素和半纤维素）。O_2 含量有所降低（主要是由于半纤维素的降解）。这表明热处理后竹材表面碳含量减少，木质素含量增加同时纤维素半纤维素减少。真菌暴露 16 周后，所有热处理试样的耐久性均得到了改善，而未处理试样在所有情况下质量损失率均大于 24%，出现严重降解（图 6-7）[10]。

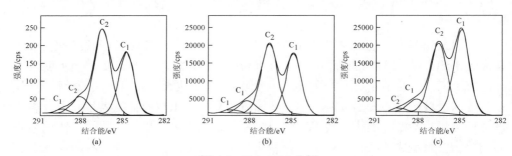

图 6-5　C 1s XPS 分析

（a）未处理竹材；（b）180℃热处理竹材；（c）200℃热处理竹材[9]

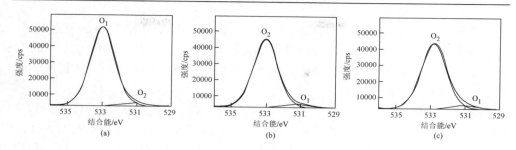

图 6-6　O 1s XPS 分析

（a）未处理竹材；（b）180℃热处理竹材；（c）200℃热处理竹材[9]

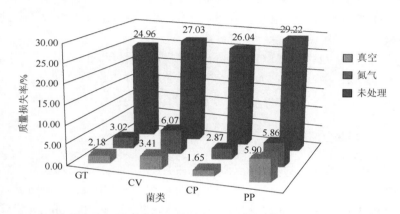

图 6-7　在不同腐朽菌下暴露 16 周后山毛榉热处理及未处理材质量损失率变化[10]

CV 为采绒革盖菌（*Coriolus versicolor*）；GT 为密黏褶菌（*Gloeophyllum trabeum*）；CP 为粉孢革菌（*Coniophora puteana*）；PP 为卧孔菌（*Poria placenta*）

6.3　试验与测试方法

6.3.1　木材化学组分的测试方法

木材化学组分测试涉及抽提物（extractives）、综纤维素（holocellulose）、α-纤维素（α-cellulose）和 Klason 木质素（lignin）。其测定办法依照国家标准 GB/T 2677.10—1995《造纸原料纤维素含量的测定》、GB/T 744—1989《纸浆纤维素的测定》和 GB/T 2677.8—1994《造纸原料酸不溶木素含量的测定》方法进行。

将热处理及未处理落叶松木材置于高速粉碎机中，研磨成木粉并通过不同的筛子得到粒度为 0.2~0.5mm 的木粉。将此木粉在索氏提取器中用甲苯/乙醇（2:1，体积比）的混合物洗涤 6h，随后用乙醇洗涤 6h，然后在 103℃下干燥 48h。

500mg 木粉被放置在一个 100mL 烧瓶中，放入 30mL 蒸馏水中，并加热至 75℃。然后每小时向烧瓶中注入 15%亚氯酸钠水溶液（2mL）和乙酸（0.1mL），共 7 次。在布氏漏斗上的残余物用水洗涤、过滤该混合物，并通过乙醇进行索氏提取 2h，随后在 103℃下干燥至恒重。

将干燥后的综纤维素放入含有 10mL 17.5% NaOH 溶液的玻璃烧杯（250mL）中，玻璃烧杯置于 20℃的水浴恒温箱中。通过玻璃棒搅动使综纤维素在 NaOH 溶液中完全溶解。每 5min 向玻璃烧杯中加入 5mL NaOH 溶液，共加 3 次并静置 30min。随后用 33mL 蒸馏水将溶液稀释并静止 1h。在过滤过程中分别用 100mL 8.3% NaOH 溶液、100mL 蒸馏水和 15mL 乙酸溶液洗涤最终得到 α-纤维素残渣，随后 103℃干燥称重。半纤维素含量是通过综纤维素和 α-纤维素计算得到的。半纤维素（%）=综纤维素（%）－α-纤维素（%）。

500mg 木屑与 72%的 H_2SO_4（10mL）在室温下混合 4h。然后用 240mg 的蒸馏水将混合物稀释，在回流下加热 4h 并过滤。用热水冲洗残余物，并在 103℃下干燥至恒重。

6.3.2　TG-FTIR 分析

热重-傅里叶变换红外光谱分析仪（TG-FTIR）主要是用于物质热裂解产物的分析，将 PerkinElmer 公司（美国）的同步热分析仪（simultaneous thermal analyzer）STA6000、PerkinElmer 公司的傅里叶变换红外光谱仪通过 TL9000 转换线串联在一起，见图 6-8。Whelan 等对 TG-FTIR 设备的具体原理以及设备的实际应用做出了详细阐述[11]。

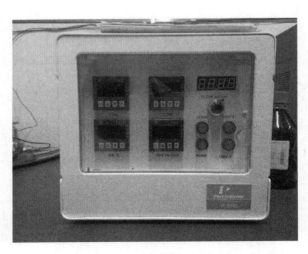

图 6-8　通过 TL9000 转换线连接的 TG-FTIR

分别取落叶松 190℃、210℃热处理及未处理试样 5mg，放入氧化铝坩埚中进行热重分析。试验过程中以氦气作为载流气体，载流速度为 400mL/min，试验前进行气密性检查。所有样品均由室温 30℃加热到 780℃进行裂解反应，温度梯度为 10℃/min。

6.3.3 TG-GC-MS 分析

同步热重-气相色谱质谱仪联用系统（TG-GC-MS）主要是用于物质裂解过程逸出气体的分类和鉴定，将 PerkinElmer 公司（美国）的同步热分析仪 STA6000、PerkinElmer 公司（美国）的气相色谱仪（gas chromatograph）Clarus®680 和 PerkinElmer 公司（美国）的质谱仪（mass spectrometer）Clarus®SQ 8 T N6480012 同样通过 TL9000 转换线串联（图 6-8），在一次样品测试过程中得到同步热分析、气相色谱质谱分析的多种试验数据。STA6000 使用铂-铂/铑 13%（R 型）热电偶、SaTurnATM 传感器，天平灵敏度 0.1μg。气相色谱仪 Clarus®680 特别适用于挥发性有机化合物（volatile organic compounds）的分析。GC-MS 系统集成了 Clarus 680 气相色谱仪、电子轰击电离（electron impact ionization，EI）和 255L/s 涡轮分子泵（turbomolecular pump）。热重分析考察样品热性质，气相色谱质谱联用仪通过气相色谱柱分离并通过质谱定性分析溢出气体组成。敏感增强型分析系统可以使质谱仪在全部扫描范围内进行，随后通过化合物质谱库对各物质进行匹配。

样品在 STA6000 热重分析仪中加热到初始温度（initial temperature）80℃，升温速率（heating rate）为 10℃/min 直到 280℃，并保温 2min，不分流直接注入毛细管柱中，毛细管柱尺寸 123.5m×678μm。氦气（He）作为载流气体（carrier gas），溶剂延迟（solvent delay）时间 0.50min，连接温度 280℃，扫描范围（scan area）50～600Da。单个化合物通过 GC/MS 谱图库 MS NIST 147.L113 进行鉴定。

6.4 结果与讨论

6.4.1 化学组分分析

由于高温热处理过程中木材细胞壁物质的降解和抽提物的溢出[12]，热处理显著地改变了落叶松木材心边材各化学组分的含量（表 6-1、图 6-9 和图 6-10）。化学分析结果表明，作为木材中首先发生降解的组分——半纤维素（多糖）含量出现显著降低。190℃生物质燃气热处理落叶松心材和边材半纤维素含量分别由32.7%和33.3%降低到21.9%和22.7%；而210℃生物质燃气热处理后，落叶松心边材半纤维素含量均降低至11.2%。结果表明高温热处理使木材组分发生严重降解，特别是造成半纤维素含量减少[13, 14]。

表 6-1　热处理后落叶松心材和边材的化学组分

热处理工艺		木质素		综纤维素		α-纤维素		半纤维素	抽提物	
		Avg	Std	Avg	Std	Avg	Std	Avg	Avg	Std
1		未处理材	26.4	1.2	72.1	2.9	38.8	1.4	33.3	1.5	0.2
2		190℃ N	36.7	0.8	61.6	1.3	38.3	1.7	23.3	1.7	0.4
3	边材	190℃ B	38.1	1.7	59.6	2.7	36.9	0.8	22.7	2.3	0.3
4		210℃ N	49.1	1.3	45.2	1.4	33.7	1.1	11.5	5.7	0.3
5		210℃ B	49.3	0.9	45.8	2.2	34.6	0.8	11.2	4.9	0.5
6		未处理材	26.9	0.6	70.6	1.7	37.9	0.9	32.7	2.5	0.3
7		190℃ N	37.5	1.5	59.8	1.3	37.2	1.2	22.6	2.7	0.2
8	心材	190℃ B	38.4	1.7	57.6	1.5	35.7	1.0	21.9	4	0.3
9		210℃ N	48.7	1.8	45	0.9	33.6	1.2	11.4	6.3	0.5
10		210℃ B	48.3	1.4	45.5	0.7	34.3	0.8	11.2	6.2	0.4

注：N 表示氮气热处理；B 表示生物质燃气热处理。下同。

而与此同时，落叶松 α-纤维素含量变化与半纤维有所不同，热处理后 α-纤维素含量仅出现略微的降低。210℃氮气热处理时降低幅度最大，落叶松边材的 α-纤维素含量也仅仅是由 38.8%降低到 33.7%。Poncsak 研究结果表明热处理后纤维素结晶性提高，只有部分无定形区的纤维素发生降解反应，这就使热处理后纤维素含量变化不大[15]。而木质素相对含量也发生了较大的变化，210℃生物质燃气处理后落叶松心材和边材木质素相对含量分别由 26.9%和 26.4%增加到 48.3%和 49.3%；190℃生物质燃气处理时，心材和边材木质素相对含量分别增加到 38.4%和 38.1%。这主要是由热处理过程中多糖类物质降解造成的。氮气和生物质燃气热处理后木材抽提物含量均轻微升高，抽提物含量的增加与不同降解产物的形成有关[15, 16]。

木材各组分变化规律见图 6-9 和图 6-10。如预期的一样，工业化生物质燃气热处理后木材各组分含量变化与实验室氮气热处理基本一致，生物质燃气热处理后 α-纤维素含量仅出现略微的降低，半纤维素含量随处理温度提高而显著降低，木质素相对含量有所增加，抽提物含量因降解产物的形成而增加。生物质燃气热处理材 190℃、210℃各化学组分含量的偏差略大于氮气，这主要是由于工业化生物质热处理箱远大于实验室热处理设备，内部存在一定的温度场，但各组分的偏差在 2.5%内属于可接受的范围。这表明生物质燃气热处理具有与氮气相同的效力。此结果与之前的吸水性、尺寸稳定性和色度等的试验结果一致。

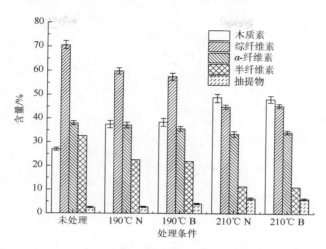

图 6-9　热处理与未处理落叶松心材化学组分含量变化

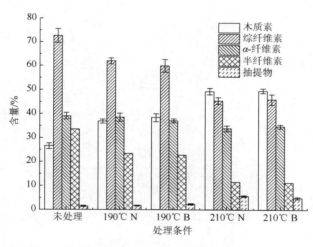

图 6-10　热处理与未处理落叶松边材化学组分含量变化

6.4.2　TG-FTIR 分析

通过热重-傅里叶变换红外光谱联用技术对落叶松试样进行热分解试验，研究热解过程中木材的主要挥发产物。构成木材细胞壁的各种化学组分在热解过程中出现多样的降解行为。图 6-11 为落叶松试样的 TG 及 DTG 曲线。热处理及未处理木材热重曲线的趋势和失重峰温度区间基本相似。

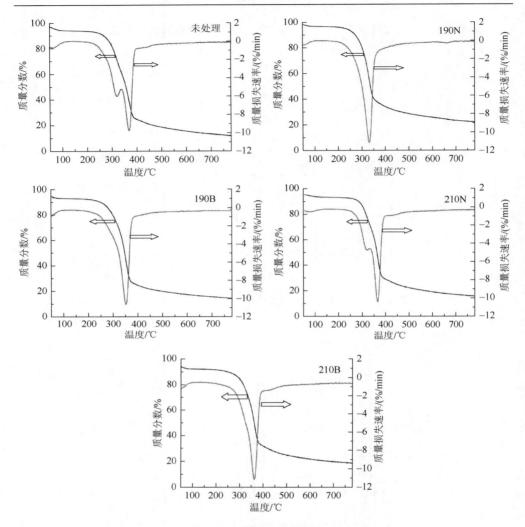

图 6-11 落叶松未处理及热处理材的 TG 及 DTG 曲线

  当加热温度低于 130℃时，主要的质量损失来源于木材的脱水反应，也包括少量无机化合物的流失[17]，此时试样的质量损失在 5%左右。而随着处理温度的升高，这部分质量损失率呈递减趋势。热处理使木材中大部分亲水性化合物（特别是半纤维素）的羟基被破坏，最终使处理材亲水性减小、尺寸稳定性提高[18]。直到 170℃，半纤维素开始发生降解反应，部分的化学键开始断裂。当加热温度达到 200～300℃时，所有试样热解反应均明显加剧，质量损失速率显著提高。由于纤维素的热稳定性明显高于半纤维素，此时主要的降解物质为半纤维素和无定形区的纤维素。相对于碳水化合物，木质素具有更高的热稳定性，故木质素的降解速率较为缓慢，并且木质素在极为宽泛的温度范围发生降解反应。而惰性气体环境下结晶区的纤维素在300～360℃范围内发生热分解反应[19]，故300℃后纤维素开始参与热分解反应并形成了未处理材的第二个失重峰。当温度超过400℃时，木材中的纤维素和半纤维素几乎完全降解，此时只有木质素发生缓慢的热解反应。由图6-11可见，未处理落叶松在220～400℃之间出现了两个失重峰，主要为半纤维素和纤维素的降解引起的。而热处理试样在此温度范围内仅存在一个失重峰，半纤维素的失重峰消失，证明热处理造成木材半纤维素显著的降解反应。根据热重分析结果，热处理后木材亲水性降低而使其具有更高的尺寸稳定性，热处理后木材仍具有明显的热降解行为同时热处理木材具有相对更高的热稳定性。

图6-12为落叶松未处理材、190℃热处理材（H1）和210℃热处理材（H2）试样在热解过程中挥发气体随时间变化的三维红外谱图。x轴为红外光谱图的波数；y轴为时间；z轴为红外吸光度。

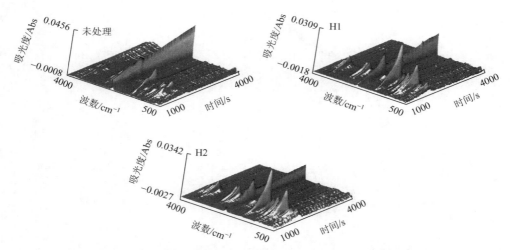

图6-12 热处理及未处理木材热分解过程气体释放三维TG-FTIR图谱

图6-13为TG加热过程中木材最大挥发物释放速率时的红外光谱图。谱图中3600～3800cm^{-1}对应木材内部水分的蒸发；3024cm^{-1}处的吸收峰证明气体中甲烷（CH_4）的存在。2360cm^{-1}和2191cm^{-1}处吸收峰分别对应二氧化碳（CO_2）和一氧化碳（CO）。1221cm^{-1}、1060cm^{-1}处特征峰则对应酚类物质和甲醇（CH_3OH）。1734cm^{-1}处吸收峰对应含羰基类碳水化合物（主要是甲醛）。未处理落叶松试样在200℃以上时，主要发生半纤维素和无定形区纤维素酸性条件下的水解反应：糖基间的$\beta(1\rightarrow4)$键发生断裂，高分子聚合度降低，形成低聚糖、二糖甚至单糖，单糖分子可进一步发生脱水反应生成醛类物质。半纤维素热裂解生成乙酸，戊聚糖裂解产生甲酸等，进一步促进了木材的热解反应。

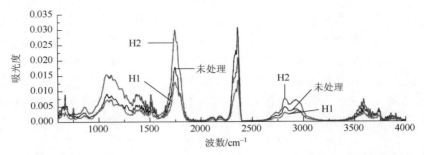

图 6-13　最大挥发物释放速率下热处理及未处理落叶松的热解产物 FTIR 图谱

图 6-14 为落叶松未处理及热处理试样热解生成的特定挥发性物质红外光谱吸收强度的演变曲线，它们分别是 $3690cm^{-1}$ 处的水、$3024cm^{-1}$ 处的甲烷、$2360cm^{-1}$ 处的 CO_2、$2191cm^{-1}$ 处的 CO、$1734cm^{-1}$ 处的醛类物质和 $1221cm^{-1}$ 处的酚类物质。

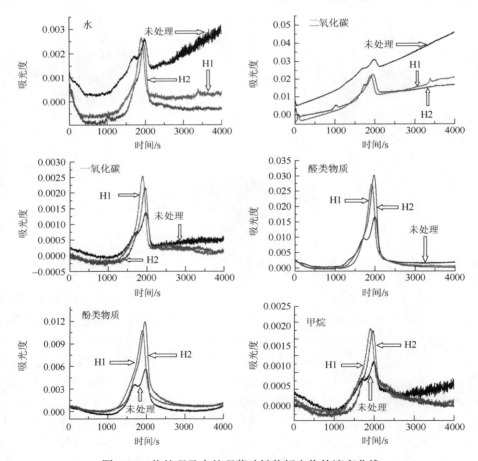

图 6-14　热处理及未处理落叶松热解产物的演变曲线

　　热重由室温到 130℃，所有落叶松试样的逸出气体均含有水分，此时释放的水分主要来自木材中的吸着水的蒸发作用。而加热到 230℃左右时出现的水分吸收峰，则是来自木材化学组分热处理过程中的脱水反应形成的水分，如无定形的多糖发生脱水反应形成糠醛和纤维素降解等。由 6.4.1 节化学组分分析可知，与热处理材相比，未处理材糖类（纤维素和半纤维素等）含量更高，因此在热解过程中更多的多糖参与脱水反应从而形成更多的挥发性水蒸气。

　　试样的逸出气体 CO_2 在 340℃和 560℃附近出现了两个峰值。当温度达到 280℃后 CO_2 的释放量显著提高，并且持续增加。热处理试样 H1 和 H2 的 CO_2 释放量明显小于未处理材。总体上来说，CO_2 主要是由羰基、羧基和醚键等发生断裂和转化产生的[20]。未处理落叶松在 250℃以下时，非共轭 $C=O$ 键发生裂解从而形成 CO_2。当温度达到 250～340℃时，大量 $\beta\text{-}O\text{-}4$ 键发生断裂并迅速释放 CO_2。热处理材中的木质素相对含量较高并含有更多的醚键，在宽泛的热解温度下缓慢发生降解，从而使处理材在 560℃出现了另一个 CO_2 吸收峰。

　　当温度超过 260℃时，落叶松试样的 CO 释放量明显增加，并在 350℃时出现最大值。未处理材出现两个峰值，而热处理材仅出现一个峰值。CO 主要由醚键的破裂和二芳基醚键的断裂产生。显然热处理材的 CO 释放量普遍大于未处理材，这是由于热处理材木质素相对含量更高，含有更多的醚键造成的[21]。

　　未处理材的逸出气体甲烷在 330℃和 380℃处形成两个峰值，第一个峰峰值略低于第二个峰。其中溢出的甲烷气体是由木材中甲氧基的断裂形成的。Funaoka 研究表明热处理过程中木质素发生二苯基甲烷的缩聚反应，在木质素热解的同时还伴着脱甲氧基的反应，此过程产生大量甲氧基[22]。在 300℃左右时，热处理材中残余的甲氧基能够迅速断裂释放甲烷气体，故热处理材的甲烷演变曲线要明显高于未处理材。

　　醛类物质在 1734cm^{-1} 处的吸收峰主要是由酸类物质上的羰基和脂肪族醛的自由伸缩振动引起的，主要包括甲酸、乙酸和糠醛等。由图 6-13 看出，试样检测到醛类物质的挥发性气体。醛类物质主要来源于含有—CH_2OH 的烷基支链上的 C_β—C_γ 键的断裂[23]。醛类物质在 390℃时明显减少并趋于稳定，这与丁涛的研究结果一致[12, 24]。与未处理材相比，热处理材挥发出更多醛类物质，这可能是由于热处理时形成的酸类物质和甲氧基有关。

　　酚类物质作为典型的木质素裂解产物，是由木质素结构单元丙烷端羟基的脱水反应和醚键的断裂形成的[2]。由于木质素具有复杂的化学结构，通常酚类物质包括愈创木酚、二甲氧基苯酚以及它们的衍生物。热处理和未处理落叶松的酚类物质均从 220℃开始形成，并在 330℃左右时出现最大峰值。由 6.4.1 节热处理化学组分分析可看出，热处理材木质素相对含量明显高于未处理材。因此在热裂解过程中热处理材形成更多的酚类物质。

6.4.3　TG-GC-MS 分析

利用 TG-GC-MS 研究木材热解过程中形成的挥发性产物。图 6-15 为木材热解产物随时间的演变曲线。其中热处理及未处理木材试样的热重图谱在 6.4.2 节中

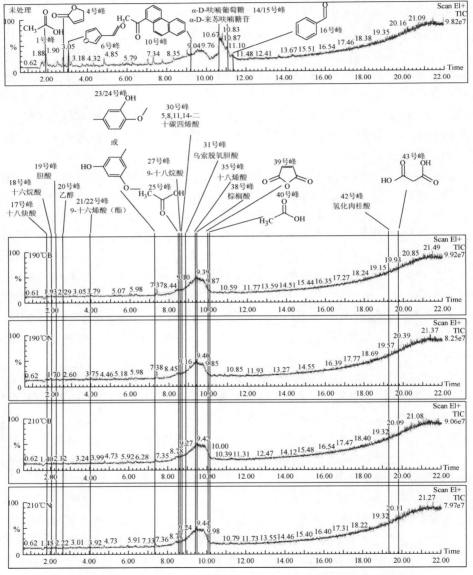

图 6-15　木材试样热降解过程中 TG-GC-MS 检测到的气体产物演变曲线

N 表示氮气热处理；B 表示生物质燃气热处理

已讨论，这里不再赘述。通过对色谱图中不同峰位进行研究，检测到的主要组分见表 6-2。

表 6-2　TG-GC-MS 下未处理落叶松热裂解产物

峰位	保留时间/min	化合物名称	类型	化学式（分子链过长的用名称代替）
1	1.92	乙酸	酸类	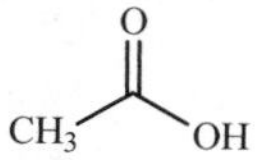
2	1.94	亚硝酸丁酯	酯类	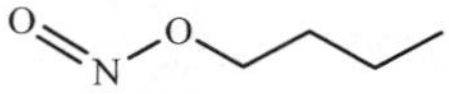
3	2.515	5-氯正戊酸	酸类	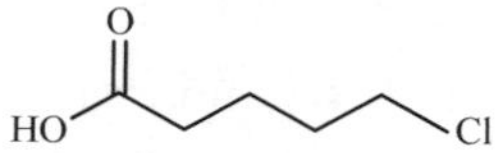
4	2.775	2(5H)-呋喃酮	呋喃	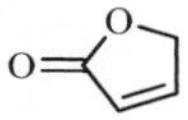
5	2.775	氰基甲酸甲酯	酯类	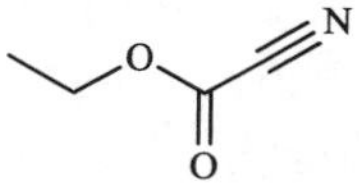
6	3.05	3-糠醛	醛类	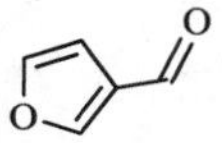
7	7.347	棕榈酸	酸类	十六烷酸
8	8.798	9, 12, 15-十八碳三烯酸	酸类	9, 12, 15-十八碳三烯酸
9	9.043	3H-甲萘酚[2, 3-b]呋喃-2-one	呋喃	3H-甲萘酚[2, 3-b]呋喃-2-one
10	9.233	1-菲甲酸	酸类	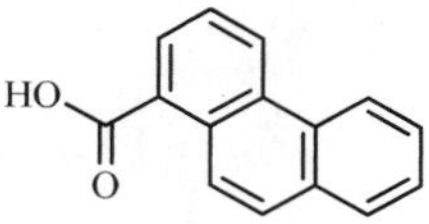
11	9.583	9, 12, 15-十八碳三烯酸	酸类	9, 12, 15-十八碳三烯酸
12	9.683	9-十六烯酸	酸类	9-十六碳烯酸
13	10.458	二十六烷酸	酸类	二十六烷酸
14	10.568	α-D-呋喃葡萄糖	呋喃	α-D-呋喃葡萄糖
15	11.043	α-D-来苏呋喃糖苷	呋喃	α-D-来苏呋喃糖苷
16	11.284	苯甲醛	醛类	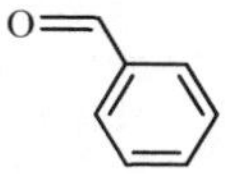

由图 6-15 和表 6-2 可知，TG-GC-MS 测试过程中未处理落叶松试样形成了大量热解产物：羰基类物质、酸类物质和呋喃类物质等。其中羰基类物质包括 3-呋

喃甲醛和苯甲醛。酸类物质包括乙酸、亚硝酸、5-氯正戊酸、9, 12, 15-十八碳三烯酸、1-菲甲酸、9, 12, 15-十八碳三烯酸、9-十六碳烯酸、二十六烷酸等。呋喃类物质包括 2(5H)-呋喃酮、3H-甲萘酚[2, 3-b]呋喃-2-one、α-D-呋喃葡萄糖和 α-D-来苏呋喃糖苷等。

　　未处理材热解过程的主要产物，与 Shen 等的研究结果一致[25]。其中降解产物与木材中所含的抽提物，如脂肪酸、酚酸、羰基类化合物以及低分子有机酸等有关。同时热解初期半纤维素也逐步发生热解反应释放乙酸，降解生成低聚糖、二糖甚至单糖，并可进一步反应形成呋喃类物质等。McDonald 等[26]在辐射松的干燥过程中检测到甲酸和乙酸等物质。Hanne 等[27]的研究表明当环境温度达到 200℃以上时，木材中有机酸生成速率显著加快，造成木材内部的酸浓度提高，其中主要形成的便是乙酸。

　　由表 6-3 和图 6-15 可见，相对于未处理材，4 个热处理落叶松试样热解过程中气相色谱中的逸出气体明显少于未处理材，但逸出气体的成分较未处理材复杂得多。这与热处理过程中木材组分发生的热解反应有直接关系。同时，在低温下处理材即释放出多种酸类物质、酚类物质、酯类和醇类等物质。其中酸类物质包括十八炔酸、十六烷酸、乙酸、4-哌啶乙酸、9-十八烯酸、10, 13-二十碳二烯酸、二氢玛瑙酸、5, 8, 11, 14-二十碳四烯酸、乌索脱氧胆酸、二十二碳六烯酸、环氧基十二烷酸、油酸、十八烯酸、二十二烷酸、棕榈酸、硬脂酸、氢化肉桂酸、丙二酸。酚类物质包括苯酚、2-甲氧基-5-甲基苯酚。酯类物质包括 9-十六烯酸酯等。醇类物质包括乙醇等。

表 6-3　TG-GC-MS 下热处理落叶松热裂解产物

峰位	保留时间/min	化合物名称	类型	化学式（分子链过长的用名称代替）
17	1.91	十八炔酸	酸类	十八炔酸
18	2.075	十六烷酸	酸类	十六烷酸 $C_{16}H_{32}O_2$
19	2.27	胆酸	酸类	胆酸 $C_{24}H_{40}O_5$
20	2.53	乙醇	醇类	C_2H_5OH
21	2.615	9-十六烯酸	酸类	9-十六烯酸
22	4.026	9-十六烯酸酯	酯类	9-十六烯酸酯
23	7.372	3-甲氧基-5-甲基苯酚	酚类	
24	7.377	2-甲氧基-5-甲基苯酚	酚类	

续表

峰位	保留时间/min	化合物名称	类型	化学式（分子链过长的用名称代替）
25	8.257	乙酸	酸类	$H_3C-COOH$（结构式）
26	8.387	4-哌啶乙酸	酸类	（结构式）
27	8.442	9-十八烷酸	酸类	9-十八烷酸 $C_{18}H_{34}O_2$
28	8.477	10, 13-二十碳二烯酸	酸类	10, 13-二十碳二烯酸
29	8.482	二氢玛瑙酸	酸类	二氢玛瑙酸
30	8.542	5, 8, 11, 14-二十碳四烯酸	酸类	5, 8, 11, 14-二十碳四烯酸
31	8.702	乌索脱氧胆酸	酸类	乌索脱氧胆酸
32	8.858	二十二碳六烯酸	酸类	二十二碳六烯酸
33	9.053	环氧基十二烷酸	酸类	环氧基十二烷酸
34	9.393	9-十八烯酸	酸类	9-十八烯酸
35	9.398	十八烯酸	酸类	十八烯酸
36	9.473	二十二烷酸	酸类	二十二烷酸
37	9.578	油酸	酸类	油酸
38	9.698	棕榈酸	酸类	棕榈酸
39	10.128	2, 5-呋喃二酮	呋喃	（结构式）
40	10.143	乙酸	酸类	$H_3C-COOH$（结构式）
41	10.533	硬脂酸	酸类	十八烷酸
42	19.341	氢化肉桂酸	酸类	氢化肉桂酸
43	19.832	丙二酸	酸类	（结构式）

在 TG 加热到较低温度时，热处理材即释放以上酸类、酚类、酯类和醇类等物质，表明此类物质大部分是由木材热处理过程形成的降解产物或由缩合过程形成的物质在 TG 中热解形成的挥发性气体。检测到的酚类物质与木质素 β-芳基-醚键断裂形成的低聚物有关。Garrote 等[28]研究桉木 145～190℃热处理过程中，40%～50%的 O-乙酰基断裂形成了乙酸。在木材热处理过程中，半纤维素发生热裂解反应和脱乙酰化反应，同时生成醇类（甲醇和乙醇）、乙酸和其他芳香物质（呋

喃、戊内酯等），同时半纤维素在热解形成的酸类物质催化下进一步降解产生二糖甚至单糖[7]。半纤维素主要分为聚木糖类、聚葡萄甘露糖类和聚半乳糖葡萄甘露糖类，而半纤维素支链主要由聚半乳糖葡萄甘露糖类物质构成，并以 O-乙酰基连接到主链上，在高温环境下发生断裂[29]。

　　通过比较图 6-15，热处理木材热解过程中的溢出气体含量明显少于未处理材，与 Heigenmoser 等的研究结果一致[30]。在热处理材中，210℃热处理材逸出气体较190℃更少。由于高温热处理改性过程对半纤维素降解形成的呋喃等物质大部分已释放于加热介质中，处理材 190B、190N、210B、210N 热解过程中形成的呋喃及其衍生物明显少于未处理落叶松试材。由图 6-15 可见，未处理材由 80℃加热到200℃产生的醛类、脂类、酸类物质明显多于热处理试样。未处理材由 80℃加热到 200℃的过程恰恰与热处理工艺有很多相似之处（乏氧状态、温度达到 200℃左右）。换句话说，在未处理材 TG-GC-MS 中检测到的醛类、脂类、酸类物质，与热处理过程木材释放挥发性气体极为相似。热处理材 190B、190N、210B、210N由 100℃到 280℃加热过程中均检测到多种酸类物质，但是需要注意的是处理材热裂解时溢出的酸类物质含量明显少于未处理材。因为这些裂解产物主要来自半纤维素的降解反应，相对来说热处理材已经大量除去半纤维素，故热重测试过程中仅有少量乙酸等酸类产物溢出[31]。热处理材热裂解过程中形成的少量酚类、醇类物质可能是热处理时残余在木材内部的降解产物[32]。换句话说，热处理过程使木材纤维素、半纤维素分子降解，木质素分子发生复杂化学反应，故热解时处理材将产生更多样、更复杂的化合物[33]。通过横向比较 190B 和 190N、210B 和 210N，其对应处理材的热解产物溢出时间及成分非常接近。即从处理材热解角度考虑，同一热处理工艺下工业化生物质燃气热处理材与实验室氮气热处理材具有相同的热解特性。

6.5　本章小结

　　本章以落叶松心边材为研究对象，分别以氮气和生物质燃气作为保护气体进行热处理，分别利用化学组分分析、热重-傅里叶变换红外光谱联用（TG-FTIR）和热重气质联用（TG-GC-MS）研究了热处理对木材各化学组分的影响。

　　（1）热处理造成木材半纤维素含量明显降低，同时对纤维素含量影响不大。由于木材组分中半纤维素含量的减少，木质素相对含量有所提高。相同处理温度和处理时间下工业化生物质燃气热处理材与实验室氮气热处理材化学组分基本一致，证明生物质燃气热处理与氮气热处理具有相同效力。

　　（2）木材高温热解时，半纤维素中的乙酰基断裂形成乙酸，从而使半纤维素和无定形区纤维素在酸性条件下发生水解反应。半纤维素热裂解生成乙酸，戊聚糖裂解产生甲酸等，进一步促进了木材的热解反应。

　　（3）高温热解过程木质素发生二苯基甲烷的缩聚反应和脱甲氧基的反应，脱去大量甲氧基，芳环活性点数量增加，木质素反应活性提高。由于木质素具有复杂的化学结构，通常酚类物质包括愈创木酚、二甲氧基苯酚及其衍生物。

　　（4）木材热解 TG-GC-MS 分析检测到大量热解产物，包含酸类、酯类、醇类和呋喃类物质等。热处理后木材热解溢出气体明显减少，但同时逸出气体的成分更为复杂。同时热处理过程中残余在木材内部的少量酚类、醇类物质在热重气质联用测试过程中溢出。

参 考 文 献

[1]　Anderson E L, Pawlak Z. Infrared studies of wood weathering. Part I: Softwoods[J]. Applied Spectroscopy, 1991, 45（4）: 641-647.

[2]　Inari G N, Pétrissans M, Pétrissans A, et al. Elemental composition of wood as a potential marker to evaluate heat treatment intensity[J]. Polymer Degradation & Stability, 2009, 94（3）: 365-368.

[3]　李坚. 功能性木材[M]. 北京: 科学出版社, 2011.

[4]　李贤军, 傅峰, 蔡智勇, 等. 高温热处理对木材吸湿性和尺寸稳定性的影响[J]. 中南林业科技大学学报: 自然科学版, 2010, 30（6）: 92-96.

[5]　Korkut S. Performance of three thermally treated tropical wood species commonly used in Turkey[J]. Industrial Crops & Products, 2012, 36（1）: 355-362.

[6]　Shi J L, Kocaefe D, Zhang J. Mechanical behaviour of Québec wood species heat-treated using ThermoWood process[J]. Holz als Roh-und Werkstoff, 2007, 65（4）: 255-259.

[7]　Beall F C. Thermogravimetric analysis of wood lignin and hemicelluloses[J]. Wood & Fiber Science, 1969.

[8]　Brosse N, Hage R E, Chaouch M, et al. Investigation of the chemical modifications of beech wood lignin during heat treatment[J]. Polymer Degradation & Stability, 2010, 95（9）: 1721-1726.

[9]　Meng F, Yu Y, Zhang Y, et al. Surface chemical composition analysis of heat-treated bamboo[J]. Applied Surface Science, 2016, 371: 383-390.

[10]　Candelier K, Dumarçay S, Pétrissans A, et al. Comparison of chemical composition and decay durability of heat treated wood cured under different inert atmospheres: Nitrogen or vacuum[J]. Polymer Degradation & Stability, 2013, 98（98）: 677-681.

[11]　Whelan J K, Solomon P R, Deshpande G V, et al. Thermogravimetric fourier transform infrared spectroscopy （TG-FTIR） of petroleum source rocks. Initial results[J]. Energy & Fuels, 1988, 2（1）: 65-73.

[12]　丁涛. 压力蒸汽热处理对木材性能的影响及其机理[D]. 南京: 南京林业大学, 2010.

[13]　Esteves B M, Pereira H M. Wood modification by heat treatment: a review[J]. Bioresources, 2009, 4（1）: 370-404.

[14]　Yildiz S, Gümüşkaya E. The effects of thermal modification on crystalline structure of cellulose in soft and hardwood[J]. Building & Environment, 2007, 42（1）: 62-67.

[15]　Poncsak S, Kocaefe D. Evolution of extractive composition during thermal treatment of Jack Pine[J]. Journal of Wood Chemistry & Technology, 2009, volume 29（3）: 251-264.

[16]　Esteves B, Graça J, Pereira H. Extractive composition and summative chemical analysis of thermally treated eucalypt wood[J]. Holzforschung, 2008, 62（3）: 344-351.

[17]　Thurner F，Mann U. Kinetic investigation of wood pyrolysis[J]. Industrial & Engineering Chemistry Process Design & Development，2002，20（3）：482-488.

[18]　Shen D K，Gu S，Bridgwater A V. The thermal performance of the polysaccharides extracted from hardwood：cellulose and hemicellulose[J]. Carbohydrate Polymers，2010，82（1）：39-45.

[19]　Manninen A M，Pasanen P，Holopainen J K. Comparing the VOC emissions between air-dried and heat-treated Scots pine wood[J]. Atmospheric Environment，2002，36（11）：1763-1768.

[20]　Hill C A S. Wood Modification：Chemical，Thermal and other processes[M]. New York：John Wiley & Sons，2006.

[21]　Zhang M，Resende F L P，Moutsoglou A，et al. Pyrolysis of lignin extracted from prairie cordgrass，aspen，and kraft lignin by Py-GC/MS and TGA/FTIR[J]. Journal of Analytical & Applied Pyrolysis，2012，98（98）：65-71.

[22]　Funaoka M，Kako T，Abe I. Condensation of lignin during heating of wood[J]. Wood Science & Technology，1990，24（3）：277-288.

[23]　Wang S，Wang K，Liu Q，et al. Comparison of the pyrolysis behavior of lignins from different tree species[J]. Biotechnology Advances，2009，27（5）：562-567.

[24]　Amen-Chen C，Pakdel H，Roy C. Production of monomeric phenols by thermochemical conversion of biomass：A review[J]. Bioresource Technology，2001，79（3）：277-299.

[25]　Shen D，Ye J，Rui X，et al. TG-MS analysis for thermal decomposition of cellulose under different atmospheres[J]. Carbohydrate Polymers，2013，98（1）：514-521.

[26]　McDonald A G，Gifford J S，Dare P H，et al. Characterisation of the condensate generated from vacuum-drying of radiata pine wood[J]. Holz als Roh-und Werkstoff，1999，57（4）：251-258.

[27]　Hanne S，Sirkka L M，Franciska S，et al. Magnetic resonance studies of thermally modified wood[J]. Holzforschung，2002，56（6）：648-654.

[28]　Garrote G，Domínguez H，Parajó J C. Study on the deacetylation of hemicelluloses during the hydrothermal processing of Eucalyptus wood[J]. Holz als Roh-und Werkstoff，2001，59（1）：53-59.

[29]　Theander O，Nelson D A. Aqueous，high-temperature transformation of carbohydrates relative to utilization of biomass[J]. Advances in Carbohydrate Chemistry & Biochemistry，1988，46（1）：273-326.

[30]　Heigenmoser A，Liebner F，Windeisen E，et al. Investigation of thermally treated beech（*Fagus sylvatica*）and spruce（*Picea abies*）by means of multifunctional analytical pyrolysis-GC/MS[J]. Journal of Analytical & Applied Pyrolysis，2013，100（6）：117-126.

[31]　Windeisen E，Strobel C，Wegener G. Chemical changes during the production of thermo-treated beech wood[J]. Wood Science & Technology，2007，41（6）：523-536.

[32]　Beaumont O，Schwob Y. Influence of physical and chemical parameters on wood pyrolysis[J]. Industrial & Engineering Chemistry Process Design & Development，1984，23：4（4）：637-641.

[33]　Kuroda K I. Analytical pyrolysis products derived from cinnamyl alcohol-end groups in lignins[J]. Journal of Analytical & Applied Pyrolysis，2000，53（2）：123-134.

7　热处理木材细胞壁微观力学性能及温度响应机制研究

　　近几年关于热处理技术的研究主要集中在处理材微观尺度的机械性能方面。通过准静态的压痕技术测量细胞壁的加载力-位移曲线以计算生物质材料的机械性能变化。纳米压痕技术已经广泛用于测试木材、竹材和胶黏剂微观尺度下的硬度和刚度等。室温条件下热处理对木材细胞壁机械性能的影响已经进行了相关研究，并发现热处理后细胞壁的硬度有轻微的提升。Åkerholm 等[1]发现木材细胞壁中木质素具有较高的黏性。Ranta-Maunus 等[2]研究了不同湿含量环境下木材的蠕变变形特征。Wu 等[3]利用纳米压痕仪研究了不同温度、湿度下棉花制得的纤维素纳米晶体膜微观机械性能变化。热处理木材作为地热地板因其特有的环保性和尺寸稳定性被广泛使用，木地热地板的设计容许温度达 90℃，木制品此时将面临高温环境的影响。同时户外用木材面对季节变化，阳光辐射和昼夜更替等造成的温度变化也会使木材面对温度变化的环境。然而到目前为止，并没有对高温热处理木材细胞壁机械性能温度依存性的研究。

7.1　木材细胞壁结构概述

　　细胞是构成木材的基本形态单位。木材细胞在生长发育过程中经历分生、扩大和胞壁加厚等阶段而达到成熟。成熟的木材细胞多数为空腔的厚壁细胞，仅有细胞壁与细胞腔。对于木材各方面性质和识别研究来说，首先要了解木材细胞壁的超微构造、壁层结构以及细胞壁上的特征，进而了解针叶树材和阔叶树材的微观构造特征及其差异。木材细胞壁层结构与木材物理力学性质的各向异性有着密切的联系。

7.1.1　木材细胞壁层结构

　　木材细胞壁主要是由纤维素、半纤维素和木质素三种高分子组分构成。纤维素以分子链聚集成束和排列有序的微纤丝状态存在，在细胞壁中起着骨架物质作用。半纤维素以无定形状态渗透在骨架物质中，起着基体黏结作用，也成为填充物质。木质素是在细胞分化的最后阶段木质化过程中形成的，它渗透在细胞壁的骨架物质和基体物质中，可使细胞壁坚硬，所以称其为结壳物质或硬固物质。

在成熟的细胞中，其细胞壁由初生壁、次生壁构成。细胞壁是由多种类型细胞环绕形成的，为细胞提供结构支撑和保护，同时也起到过滤的作用。

7.1.1.1　胞间层

胞间层是木材细胞分裂后最早形成的分隔部分，随着细胞的形成，在胞间层两边形成初生壁。胞间层是细胞壁的最外层，富含果胶，在相邻细胞之间并将其胶合在一起。木材包间层厚度一般为 0.1～1μm，主要由木质素和少量的胶体状果胶物质组成。在成熟的细胞中已很难区分出胞间层，通常将胞间层和随后形成的初生壁合在一起，称之为复合胞间层。纤维素含量很少，所以高度木质化，在偏光显微镜下显现各向同性。

7.1.1.2　初生壁

初生壁是细胞分裂后的胞间层两边最初沉积的壁层。初生壁在形成的初期主要由纤维素组成，随着细胞增大速度的减慢，可以逐渐沉积其他物质，所以经过木质化的细胞，其初生壁木质素的浓度特别高。初生壁厚度一般为 0.2～3μm，一般占细胞壁厚度的 4%～10%。初生壁外表面上沉积的微纤丝排列与细胞轴方向几乎呈直角，随后逐渐呈交织的网状排列。当细胞生长时，其微纤丝沉积的方向非常有规则，通常呈松散的网状排列，这样就限制了细胞的侧面生长最后只有伸长，随着细胞伸长，微纤丝方向逐渐趋向与细胞长轴平行。

7.1.1.3　次生壁

次生壁是在细胞停止增大后在初生壁上形成的壁层。次生壁是细胞壁中最厚的部分，占细胞壁厚度的 95%或以上。次生壁主要由纤维素或纤维素和半纤维素的混合物组成，同时还沉积大量的木质素和其他物质。但次生壁较厚，木质素含量比初生壁低，因此它的木质化程度不如初生壁高，在偏光显微镜下具有高度的各向异性。在次生壁中，由于纤维素分子链排列方向的不同，明显地分为三层：次生壁内层、次生壁中层和次生壁外层。次生壁内层很薄，仅占次生壁体积的 2%～8%，微纤丝的排列方向和细胞轴呈 60°～90°夹角，主要成分为纤维素、半纤维素和木质素。次生壁中层占次生壁体积的 70%～90%，故它是决定木材性能的主要部分，其微纤丝排列方向与细胞轴呈 10°～30°夹角，其主要成分是纤维素。次生壁外层很薄，一般占次生壁体积的 10%～20%，其微纤丝角的排列方向与细胞轴呈 50°～70°的夹角。

7.1.2　细胞壁的超微结构

采用各种物理和化学方法，尤其是现代微观显微镜的应用，对木材细胞壁的超微结构形成了深入的认识和明确的了解，对于研究木材各性质均有重要作用。

7.1.2.1　基本纤丝、微纤丝和纤丝

基本纤丝是组成细胞壁的最小单元，一般认为，断面约有 40 根纤维素分子链组成的最小丝状结构单元，称为基本纤丝（elementary fibril），它是微纤丝的最小丝状结构单元，也称微团。由基本纤丝聚集而形成微纤丝，微纤丝的宽度为 10～30nm，而长度不定。微纤丝间有约 10nm 的空隙，木质素及半纤维素等物质填充于此空隙。微纤丝集合从而构成纤丝。纤丝进一步聚集而形成粗纤丝。在光学显微镜下，可观察到宽度为 0.4～1.0μm 的丝状结构，称为粗纤丝（macrofibril）。粗纤丝相互接合形成薄层，大量薄层聚合叠加形成木材的细胞壁。

7.1.2.2　结晶区和非结晶区

在大分子链排列最致密的地方，分子链高度定向排列的区域，反映出一些晶体的特征，被称为纤维素的结晶区（crystalline area）。在纤维素结晶区内，纤维素分子链平行排列，分子链与分子链间的结合力随着分子链间距离的缩小而增大。

当纤维素分子链排列的致密程度减小、分子链间形成较大的间隙时，分子链和分子链彼此之间的结合力下降，纤维素分子链间排列的平行度下降，此类纤维素大分子链排列特征被称为纤维素非结晶区（amorphous area），也称无定形区。

结晶区与非结晶区之间无明显的界限，而是在纤维素分子链长度方向上呈连续的排列结构。结晶区在 X 射线衍射图上反映高度的结晶，所以常简称晶区，又称微晶。

7.2　热处理木材细胞壁准静态微观力学研究

本节主要研究高温热处理对木材细胞壁微观准静态机械性能的影响。通过扫描探针显微镜（scanning probe microscopy，SPM）和温度控制平台（temperature control stage）的纳米压痕仪实现了对样品实时/原位微观力学性能的研究。

7.2.1　试验与测试方法

7.2.1.1　高温热处理工艺

在烘箱常规干燥后，试样放入 1 英寸管式炭化炉（Thermo Scientific，Lindberg Blue M，TF55030C-1，USA）中进行高温热处理，氮气作为保护气体，流速 20mL/min，处理温度分别为 180℃和 210℃，保温时间 6h，温度控制精度±1℃。热处理之后所有样品置于恒温烘箱内等待纳米压痕测试。

7.2.1.2　扫描电子显微镜

热处理材及未处理材尺寸为 8mm×8mm×2mm 的试样通过导电胶固定在铝样品台上，随后进行 140s 喷金处理。木材试样表面形貌通过扫描电子显微镜进行观察，加速电压为 10kV，测试温度为 20℃，真空度为 0.83Torr。

7.2.1.3　X 射线衍射

X 射线衍射仪扫描范围 2θ 为 10°～40°，扫描速度 4°/min。根据 Segal 建立的峰高测试计算法，得到 XDR 结晶指数：

$$CI_{XRD} = \frac{I_{002} - I_{am}}{I_{002}} \times 100\%$$

式中，I_{002} 为 002 结晶峰的峰强度，I_{am} 为 002 和 101 峰之间的最小峰高。

7.2.1.4　准静态纳米压痕测试

样品固定在金属样品架上，通过滑走切片机 Microtome（Model 860 SER No.42925，American Optical Company Instrument Division，New York，USA）将样品顶部制成金字塔形的尖端。随后通过装备钻石刀的超薄滑走切片机（Leica Ultracut UCT MZ6，H.Sitte，German）切割尖端使其平滑（直到超薄切片进给量达到 100nm 为止）。根据 Wu 等描述的方法进行样品制作[3]，木材试样制作过程见图 7-1。

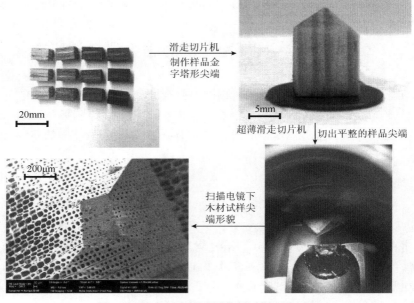

图 7-1　纳米压痕测试用木材试样制作过程

TriboIndenter 纳米压痕仪（Hysitron Incorporated，Minneapolis，MN，USA）整合光学显微镜、扫描探针显微镜，测试中使用设备见图 7-2。利用光学显微镜进行初步聚焦定位，随后由开环控制系统控制 Berkovich 压头，实现对木材 S2 层细胞壁和复合胞间层微观结构的探测。

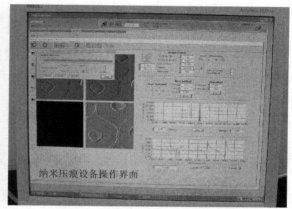
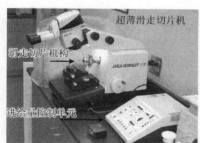
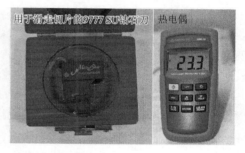

图 7-2 纳米压痕样品制备及测试的设备图

基于纳米压痕仪的基础理论，通过记录纳米压痕仪的加载力-位移曲线，根据 Oliver 和 Pharr 描述的计算方法得到材料的硬度（H）和折算弹性模量（E_r）。

材料的硬度：

$$H=P_{max}/A$$

式中，P_{max} 为一个压痕循环过程中最大压痕深度处的最大加载力；A 为压头和测试样品接触的投影面积。

材料折算弹性模量（E_r）通过以下方程计算：

$$E_r = \frac{\sqrt{\pi}}{2\beta}\frac{S}{\sqrt{A}}$$

式中，刚度 S（stiffness）为位移-加载力曲线中的卸载部分切线的斜率；β 为修正因子，与压头的几何学特性有关（对于 Berkovich 压头，β 值为 1.034）；A 为投影接触面积。刚度 S 通过卸载曲线中高加载力部分（加载力从 90%到 70%）的线性近似值确定。由以上公式，细胞壁的折算弹性模量和硬度均可获得。图 7-3 为压痕测试过程中被记录下来的加载力-位移曲线。

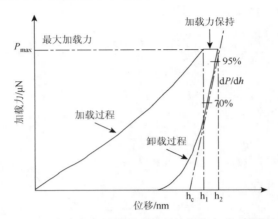

图 7-3　室温下木材细胞壁典型的加载力-位移曲线

　　样品台同时装备了 200℃温度控制平台（Temperature Control Stage®，美国 Hysitron 公司），利用热电偶对木材试样表面温度进行实时监控，见图 7-4。平台可以实现-20～200℃范围内样品的冷却和加热，将其首次应用于木材微观力学性能的测试中。纳米压痕仪的温度控制系统包括热量控制、热量平衡、设备漂移测定和温度引发的形状变化。试验选用三段式加载力控制方程，加载力用时 5s，峰值加载力保持 5s 以及 5s 的卸载过程。其中所有压痕试验选用的最大加载力为 400μN，在木材细胞壁上压入的最大深度范围是 150～200nm。未处理及热处理试样分别在 20℃、40℃、60℃、80℃、100℃、120℃、140℃、160℃和 180℃下进行测试。试验在环境湿度下进行，将湿度仪置于纳米压痕仪内部，整个测试过程中的湿度为

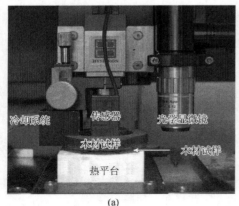

(a)　　　　　　　　　　　　　　　　(b)

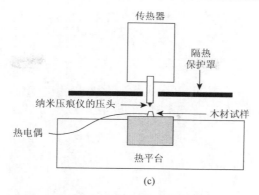

(c)

图 7-4 纳米压痕仪、热平台及其示意图

49%～53%，这主要是纳米压痕仪在封闭的空气环境中进行测试造成的。所有纳米压痕均压入同一生长轮的晚材部分，每个测试温度保证获得 20 个有效压痕。

7.2.2 结果与讨论

7.2.2.1 木材微观结构分析

通过扫描电子显微镜观察落叶松未处理材（H0）、180℃热处理材（H1）和210℃热处理材（H2）横切面的微观解剖结构（图 7-5）。微观观察结果表明，高温改性处理后木材树脂道中抽提物明显减少。同时由于细胞壁物质的高温降解反应，细胞壁出现变形现象。热处理试样的细胞壁上出现明显的微小裂痕（图中圈出部分），尤其是在 H2 上［图 7-5（c）］。观察结果证明随着高温热处理强度的提高，木材细胞壁结构发生逐渐变形并逐渐变脆。

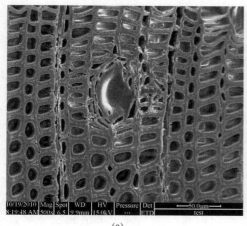

(a)

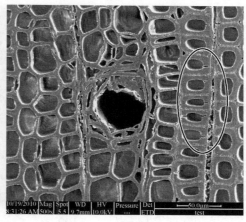

(b)

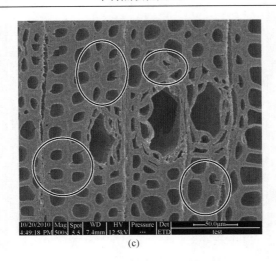

图 7-5　木材试样扫描电子显微镜图

（a）未处理材；（b）180℃热处理材；（c）210℃热处理材

7.2.2.2　结晶度的 XRD 分析

结晶区的纤维素占整体木材的百分比称为木材的结晶度。纤维素赋予木材以强度，随结晶度的提高，木材硬度、弹性模量、抗拉强度、尺寸稳定性等显著提高，而吸湿性、化学反应活性、润胀度等随之降低[4, 5]。木材结晶区的特点是：纤维素分子链之间取向性良好，规整地紧密排列在一起，分子链之间依靠氢键结合形成特定的结晶形式，最终呈现出显著的衍射图谱。

根据 Segal 建立的结晶度算法，得到热处理前后木材结晶度的变化，见图7-6。热处理后试样 I_{002} 晶面衍射峰均位于 22°附近，表明此热处理过程没有改变纤维素结晶区晶层的距离。而热处理后木材的结晶度（CI_{XRD}）数值明显提高，由未处理材的 65.0%（H0）提高到 75.2%（H1）和 76.0%（H2），与孙伟伦和李坚[6]的研究结果一致，这也与随后测试的木材细胞壁硬度试验结果相对应。综纤维素分别以结晶区和无定形区两种形式存在。结晶区纤维素排列规整，通过分子链之间的氢键紧密结合在一起。在高温热处理过程中，随着温度升高，分子热运动能量和自由体积均逐渐增大，分子链的链段开始运动，使部分分子间的距离减小，增加了新氢键结合的机会。热稳定性较差的无定形区高聚物出现降解反应。在第 6 章关于木材化学组分的研究中，木材热解过程释放出的酸类物质同样对非结晶区的纤维素降解反应有促进作用。此时主要造成无定形区半纤维素、纤维素的严重降解[4]，以及纤维素上的羟基和水分子上的羟基断裂。在热处理后的冷却过程中，纤维素分子链之间形成新的氢键结合，木质素发生缩合和交联反应，起到重新胶结的作用。与此同时，半纤维素降解形成的木聚糖和甘露糖也具有再结晶的可能。正是由于热处理过程中无定形区聚合物大量降解以及部分转化为结晶形式，最终提高了纤维素的结晶度，在一定程度上提高了木材的力学强度。另外，热处理过程中形成的各种酸类物质也作为这些半纤维素降解反应的催化剂，促进此类物质的进一步热解，这也有利于处理材结晶度的提高。而当热处理温度超过 260℃后，结晶区的纤维素开始发生大规模严重降解，造成木材的细胞壁壁层结构模糊[7]，结晶度急剧减少，严重影响了木材的力学强度，这也是热处理温度应低于 260℃的主要原因之一。热处理后木材结晶度有所提高，但其对木材细胞壁微观结构的影响是有限的[7]。本试验中热处理温度为 180℃和 210℃，此时木材纤维素结晶区并没有受到热处理太大的影响，故 I_{am} 和 I_{002} 的位置几乎没有漂移。

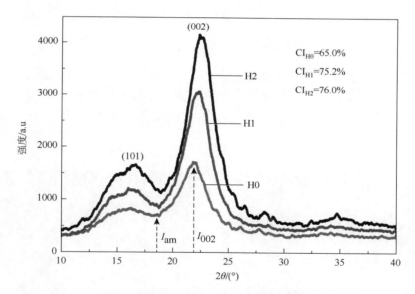

图 7-6　热处理及未处理材 X 射线衍射图谱

7.2.2.3　热漂移速率

在所有样品的纳米压痕测试中，利用热电偶测试材料表面的实际温度。根据热电偶发出的实时温度信号，经过合理的热平台参数调节，使样品表面温度保持恒定。压痕曲线表明 20～180℃测试条件下，所有样品的曲线均很平滑同时未出现大幅波动。图 7-7 为测试过程中所有热漂移速率的测试结果，结果表明所有样品热漂移速率均低于 1nm/s。这也证明高温平台下纳米压痕受温度场的热流影响较小，可忽略不计[8]。

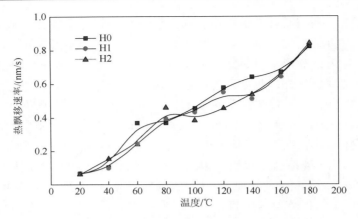

图 7-7　纳米压痕测试不同温度下平衡态的平均热漂移速率

温度为样品的实时温度

7.2.2.4　木材细胞壁的折算弹性模量

通过纳米压痕仪扫描探针显微镜确定晚材细胞壁的压痕位置。图 7-8（a）为纳米压痕压入前原位探针显微镜下木材细胞壁、细胞腔和胞间层的形态，用于标记需要压入的位置。图 7-8（b）为压入后木材细胞壁的扫描图谱，用以筛选有效的压痕数据。

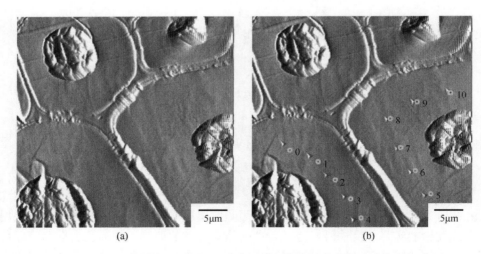

图 7-8　落叶松细胞壁二维和三维扫描探针显微镜下图片

木材次生壁平均折算弹性模量（E_r）的总体测试结果见图 7-9。180℃和 210℃高温热处理后，折算弹性模量与未处理材差异明显。随着环境测试温度的升高，

H1 和 H2 试样展现出良好的稳定性。在测试温度超过 100℃后，所有的样品折算弹性模量均出现下降的趋势，这恰恰是生物质材料具有的典型的热软化行为。对于未处理材 H0，当环境测试温度达到 160～180℃时，折算弹性模量出现悬崖式的下降，这个过程包括木材细胞壁的软化、木材组分的温和裂解反应（特别是半纤维素）。另外，这样的高温纳米压痕测试过程也可以看作是有氧气参与的热处理过程，包括抽提物发生氧化反应、木材组分的裂解以及纳米压痕测试结束后木材组分的再缩合反应。

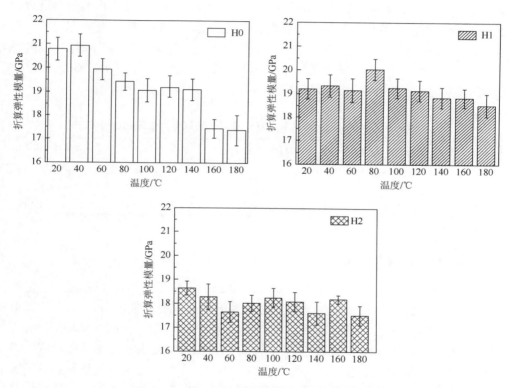

图 7-9 木材细胞壁折算弹性模量随温度变化的纳米压痕仪测试结果

木材细胞壁的弹性模量受多种因素影响，如微纤丝角、木材湿含量和木材细胞壁中纤维素、木质素和半纤维素的含量等[9]。由于所有纳米压痕测试样品均取自同一木块，并且纳米压痕的测试范围是同一木块同一生长轮的晚材部分，故所有试样在热处理前微纤丝角和化学组分可以看作基本相同。在我们的前期研究中发现，高温热处理造成半纤维素乙酰基断裂、形成酸类物质和木质素的交联反应和再缩合反应等，最终使得木材细胞壁微观形态发生变化[3, 10-12]，这些都极大地影响细胞壁的微观机械性能。

　　由表 7-1 得出，当环境测试温度达到 180℃时，热处理材 H1 和 H2 折算弹性模量分别为 18.52GPa 和 17.54GPa，与未处理材的 17.38GPa 差异并不大。但是 H1 和 H2 表现出更小的偏差，这表明较高的环境温度对 H1 和 H2（热处理试样）的折算弹性模量影响较小。另外，当环境测试温度达到 180℃时，纳米压痕试验恰恰就是另一种形式的高温热处理过程，这也就造成了较高的弹性模量数值波动：H0 的标准偏差 0.637 和 H1 的标准偏差 0.490。需要注意的是，H2 样品在 180℃的测试温度下，表现出最小的标准偏差 0.409。热处理木材试样具有的更好的抗高温特性很可能与纤维素交界面的再缩合反应与木质素基质交联反应形成的网络结构有关[13]。在木材细胞壁化学组分中，纤维素主要决定轴向的折算弹性模量[14]。而高温热处理过程中，木材细胞壁结构变化主要是由于半纤维素降解、融化、迁移等和木质素的合并交联，而其中的纤维素几乎不发生降解[15, 16]。同时 XRD 分析也表明高温热处理过程对纤维素结晶度影响不大。

表 7-1　测试温度 180℃下木材细胞壁的折算弹性模量和硬度

试样	折算弹性模量/GPa	弹性模量标准偏差	硬度/（N/mm^2）	硬度标准偏差
H0	17.38	0.637	0.572	0.0171
H1	18.52	0.490	0.618	0.0166
H2	17.54	0.409	0.623	0.0122

7.2.2.5　木材细胞壁的硬度

　　图 7-10 显示室温下和高温热处理后细胞壁硬度由 0.604N/mm^2 提高到 0.715N/mm^2，此试验结果与热处理木材室温下纳米压痕测试结果一致[17, 11]。由图 7-10 得出，环境温度的升高明显影响所有试样的硬度值。在高温环境下，所有试样木材细胞壁均展现出软化现象，但在同一个温度范围内热处理试样硬度值降低幅度较小。环境温度由室温 20℃升高到 100℃，未处理材硬度值显著提高。这主要是由木材细胞壁的微纤丝角和微纤丝排列结构发生变化造成的。在纳米压痕测试的样品导航（sample navigation）过程中，利用光学显微镜进行对焦，此时随着测试温度由室温到 100℃，可明显观测到样品的膨胀过程，这恰恰证明这个过程微纤丝角缩小。而当环境测试温度超过 100℃后，H0 未处理样硬度值明显降低，见图 7-10。此时未处理材硬度值的降低主要是与木材玻璃化转变温度、正常的热软化过程、抽提物的挥发、半纤维素的裂解等有关[12, 18]。对于 80℃、100℃和 120℃纳米压痕测试，未处理材的硬度值差异并不明显，这主要是由于此时温度还未达到木材的软化温度并且此时木材细胞壁的组分较为稳定。相对应的热处理材 H1 和 H2 硬度曲线在 80～120℃逐渐下降，而这与热处理过程中基质物质的变化、

半纤维素的流失和木质素发生的复杂化学反应有关[13]。因此，热处理试样 H1 和 H2 在此高温测试过程只发生软化现象和表面氧化反应而没有其他细胞壁组分的裂解。高温热处理使木材纤维素更紧致，木质素排列结构发生变化并且纤维素与木质素之间连接增强，同时热处理的降温过程又形成了新的木质素网络结构。针叶树材落叶松作为生物质材料，高温条件下木材细胞壁黏结物质木质素的分子间结合力会逐渐下降[7]。

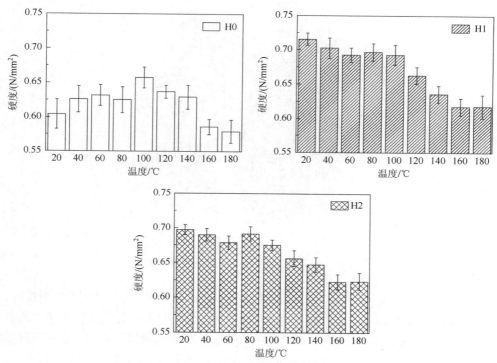

图 7-10 木材细胞壁硬度随温度变化的纳米压痕仪测试结果

同时需要注意的是，在环境测试温度为 180℃时，未处理试样的硬度偏差值比热处理材大得多，见表 7-1，造成硬度的标准偏差值过大的原因与折算弹性模量标准偏差过大的原因相似，此测试过程中伴随着未处理材抽提物的挥发和半纤维素的降解[19]。总体来说，热处理造成木材细胞壁物质温和的改性，同时提高了热处理材的高温稳定性。

7.2.2.6 高温下木材细胞壁蠕变对测试的影响

纳米压痕仪也被广泛用于测试材料的蠕变特性，如聚合物、陶瓷和薄膜材料等[20]。在纳米压痕测试常规的力加载-卸载过程中，木材样品在 400μN 的峰值加载力时表现出明显的蠕变行为。通过纳米压痕仪记录下的数据计算 5s 恒力过程中的细胞壁蠕变行为和蠕变柔量 $J(t)$。根据图 7-11，所有样品在更高的测试温度下均产生了更大的蠕变率。同时可看出热处理对降低高温环境下细胞壁蠕变有积极作用。这是由于热处理木材细胞壁通过在木质素的冷凝过程得到加强并具有更高的结晶度（见 XRD 部分）。

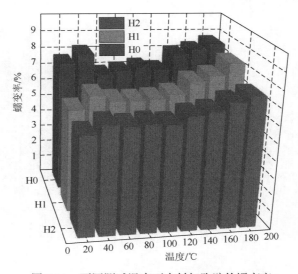

图 7-11　不同测试温度下木材细胞壁的蠕变率

由图 7-12 可得，随着环境测试温度的升高，压痕的蠕变速率出现明显的提高，这与之前准静态纳米压痕硬度测试结果一致。每次测试中压痕位移速率在 7s 后均趋于稳定（图 7-13）。此试验结果表明木材细胞壁高温下出现软化现象，造成细胞壁

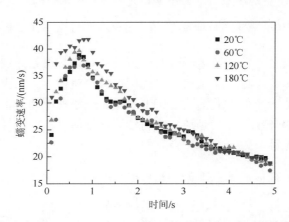

图 7-12　纳米压痕 0～5s 蠕变速率随时间的变化规律

机械性能下降。同时图 7-13 显示不同测试温度下加载 7s 后样品的位移速率均小于 1nm/s，这表明纳米压痕的加载载荷-保持恒力过程已将绝大部分的细胞壁蠕变清除。

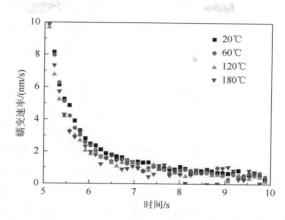

图 7-13　纳米压痕 5～10s 蠕变速率随时间的变化规律

微纤丝角、木质素黏结作用和活化能是影响木材细胞壁蠕变的主要因素[21]。随着测试温度的升高，更高的活化能使纤维素产生滑移并且细胞壁物质移动也更容易发生。此时未处理材 H0 中的半纤维首先软化。与之对应的热处理材试样中，半纤维素已流失，并且木质素经历高温热处理过程而发生交联反应，故在高温环境热处理材蠕变速率更小。

7.3　热处理木材细胞壁微观黏弹性研究

木材作为一种复杂的天然高分子材料表现出明显的黏弹性，如蠕变和应力松弛等。而木材的黏弹性对环境温度变化极其敏感。程万里等[22]研究了高温高压蒸汽状态下柳杉的应力松弛变化，结果表明环境温度的升高会造成木材应力松弛量的增大和残余应力的缩小。唐晓淑[23]研究了温度对杉木压缩材应力松弛变化的影响，并利用三种 Maxwell 模型拟合了其应力松弛行为，热处理过程中木材内部应力会逐渐松弛，即内部应力逐渐缩小。赵钟声等[24]研究了落叶松和杨木压缩木的热动态力学性能。结果表明当热处理时间达到 24h 时，木材中高聚物显著降解，平均相对分子质量减小，分子链变短，最终造成其损耗模量降低。随后热降解中间产物又发生交联反应形成了新的网络结构。

纳米压痕技术被广泛地用于表征金属、聚合物等在微观尺度下的准静态机械性能；同时也适用于研究材料的塑性变形（plastic deformation）和位错（dislocation）。材料如聚合物和软金属（soft metals）等的蠕变现象通过压入过程采集的数据进行研究。Shepherd 等[25]通过延长加载力保持（load-holding）时间，将纳米压痕技术用于生物组织结构的黏弹性表征。在前人的研究中，蠕变模型对于物理化学改性材料的流变行为给出了引人关注的解释。木材的蠕变现象属于木材流变物理学的范畴，是木材黏弹性行为的一种重要表现形式。同时木材的黏弹性行为还包括木材的应力松弛和动态黏弹性。木材作为一种复杂的有机高分子材料，在分子链段的运动、分子内部的流动、分子间的滑移、结晶化和分子取向运动等过程中都会表现出黏弹性行为。研究高温热处理木材的黏弹性为高温热处理技术提供基础理论依据。热处理木材黏弹性研究对优化高温热处理工艺和处理材的应用极其重要，同时可为木材高温热压技术提供理论依据。大多数研究集中于不同热处理改性工艺对木材细胞壁微观力学性能的影响。目前还没有结合纳米压痕技术的蠕变测试并利用蠕变模型来表征热处理木材细胞壁黏弹性的研究。

　　本节主要研究持续恒力作用下，热处理及未处理木材细胞壁的短期黏弹性行为。研究随环境温度变化未处理和热处理材加载力-压入深度（load-depth）曲线、应变速率（creep strain rate）、蠕变柔量（creep compliance）的变化规律并建立相应的蠕变模型。

7.3.1　试验与测试方法

7.3.1.1　热处理工艺

　　经过烘箱常规干燥后，将木材试样进行高温热处理。氮气作为保护气体，气流速度 20mL/min，通过 1″管式炉（Thermo Scientific，Asheville，NC，USA）对木材进行处理（详见第 2 章），保温温度分别为 180℃和 210℃，保温时间 6h，温度控制精度为±1℃。热处理工艺的具体参数见表 7-2。随后将所有样品放入 103℃烘箱中等待纳米压痕测试。

表 7-2　热处理工艺

试样.	处理温度/℃	升温速率/（℃/h）	保温时间/h	保护介质
H0	—	—	—	—
H1	180	15	6	氮气
H2	210	15	6	氮气

7.3.1.2　准静态纳米压痕测试（quasi-static nanoindentation）

　　将木材试样制作成金字塔形结构并固定在金属样品架上。通过超薄滑走切片机将样品顶端切平整，样品制作过程参见图7-1。

　　TriboIndenter纳米压痕仪整合扫描探针显微镜，装备着Berkovich金刚石压头，在开环回路控制系统下运行。纳米压痕仪用于测试木材S2层细胞壁和复合胞间层的微观机械性能。

　　根据纳米压痕仪的基础理论，材料硬度和折算弹性模量是通过Oliver和Pharr介绍的加载力-位移数据计算得到的。硬度H通过以下公式计算：

$$H=P_{max}/A$$

其中，P_{max}为压入循环中最大压入深度对应的峰值加载力；A为此时压头与样品之间的接触面积。

　　材料的折算弹性模量或称试样与压头的复合弹性模量，通过以下公式计算：

$$E_r=\frac{dP}{dh}\times\frac{1}{2}\times\frac{\sqrt{\pi}}{\sqrt{A}}$$

式中，dP/dh（刚度）为加载力-位移曲线中的卸载曲线斜率值。通过以上两个公式，可计算出细胞壁的折算弹性模量和硬度。

　　纳米压痕仪所装备的温度控制平台主要是为了实现不同温度下的压痕测试。测试过程选择加载力方程模式，通过应用三段式梯形加载过程：5s加载过程，30s峰值力保持过程和5s卸载过程，详见图7-14。整个压痕测试过程中的峰值加载力均为400μN，在木材细胞壁上形成150～200nm的压痕压入深度，见图7-15。其中图7-15（a）为扫描电子显微镜下木材细胞壁形态，图7-15（b）～图7-15（d）为压痕前后原位SPM扫描图片。试样的蠕变行为测试也应用到纳米压痕热平台，实现不同温度下的测试（20℃、60℃、100℃、140℃和180℃）。纳米压痕测试的过程在实验室45%±2%的湿度下进行。

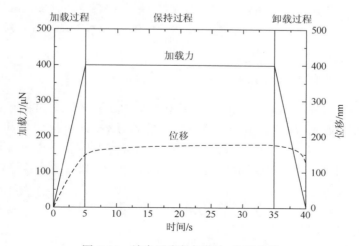

图7-14　纳米压痕仪加载力-位移曲线

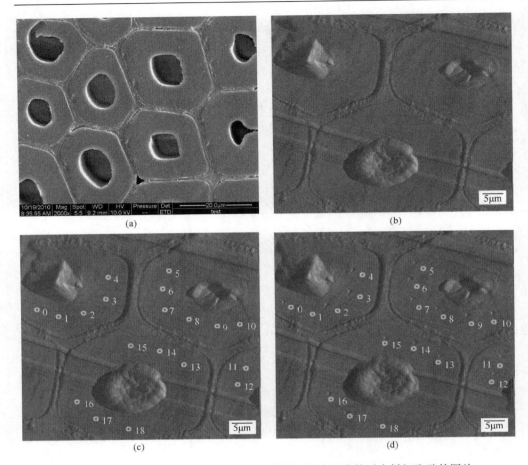

图 7-15　扫描电子显微镜和扫描探针显微镜下纳米压痕前后木材细胞壁的图片

（a）扫描电子显微镜下细胞壁；（b）压入前扫描探针显微镜下细胞壁；（c）标记的压入点；（d）压后扫描探针显
微镜下细胞壁

7.3.1.3　纳米压痕仪蠕变性能测试（creep behavior test）

　　纳米压痕测试过程记录的四个重要参数分别为加载时间、加载力 P、接触面积 A 和压入深度 h。所有试验中均使用金字塔形 Berkovich 压头。应力由 $\sigma = P/A$ 给出。在蠕变性能测试中，每个测试水平进行 10 个重复试验并通过求其平均值以降低蠕变曲线中的误差。在峰值加载力保持过程中，试材应力保持恒定（$\sigma = \sigma_0$），蠕变柔量 $J(t)$ 被定义为

$$J(t) = \varepsilon(t)/\sigma_0$$

　　典型的应变定义为

$$d\varepsilon = \cot\delta(dh/h)$$

因此蠕变柔量 $J(t)$ 可改写为

$$J(t)=A(t)/(c\times P_0)$$

其中，$c=2(1-v^2)\tan\delta$，v 为泊松比，δ 为压头开合角度的一半（Berkovich 压头为 70°）。加载力 $P=P_0$ 可以直接由仪器中获得。而压头与样品的接触面积 $A(t)$ 由以下多项式公式计算：

$$A=C_0h_c^2+C_1h_c+C_2h_c^{1/2}+C_3h_c^{1/4}+C_4h_c^{1/8}+C_5h_c^{1/16}$$

式中，C_i 是压头的恒定参数，C_0 为 24.5，C_1 为 –9170.539545，C_2 为 534360.6855，C_3 为 –4269517.036，C_4 为 9177491.425，C_5 为 –5396650.494。而 h_c 为接触深度，

根据 Oliver 和 Pharr 公式，推导出以下计算公式：

$$h_c=h_{max}-(\alpha\times P)/S$$

式中，α 为几何学常量；S 为接触刚度，通过加载-位移 dP/dh 曲线计算得到。在蠕变测试中加载力恒定，接触面积随时间变化。因此 h_c 转化为

$$h_c(t)=h(t)-(\alpha\times P_0)/S_f$$

式中，$h(t)$ 为峰值加载力保持阶段实际压入深度；P_0 为初始加载力；S_f 为试材的最终刚度，由卸载曲线部分计算，这里不赘述。

7.3.1.4　Burgers 模型拟合

在多个流变学模型中，Burgers 模型更适用于描述木材组织的黏弹性行为，通过运用此模型，实验室测得的蠕变数据可用于外推木材细胞壁的长期蠕变行为。利用 Burgers 模型模拟纳米压痕蠕变测试中的试验数据，同时研究热处理和未处理木材细胞壁在不同温度下的蠕变行为变化[26]。四元件 Burgers 模型包括 Maxwell 和 Kelvin 组件，原理示意图见图 7-16。

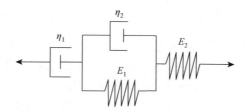

图 7-16　四元件 Burgers 模型示意图

根据 Burgers 模型，蠕变柔量可改写为以下公式：

$$J(t)=J_0+J_1t+J_2[1-\exp(-t/\tau_0^B)]$$

式中，$J_0=1/E_e^B$，$J_1=1/\eta_1^B$，$J_2=1/E_d^B$，$\tau_0^B=\eta_2^B/E_d^B$，E_e^B、E_d^B、η_1^B、η_2^B 和 τ_0^B 分别为 Burgers 模型中的弹性模量、黏弹性模量、塑性系数、黏弹性参数和迟滞时间。

7.3.2　结果与讨论

7.3.2.1　热漂移校准

在纳米压痕测试中,将热电偶置于试样表面以实时检测材料实际的表面温度,具体结构示意图见图 7-4。图 7-17 表示纳米压痕测试过程中的热漂移速率。每个试样的热漂移速率都随着测试温度的升高而逐步增加,但在恰当的温度平衡控制之后所有漂移速率均小于 1.2nm/s,故热漂移在试验中不会影响测试结果。

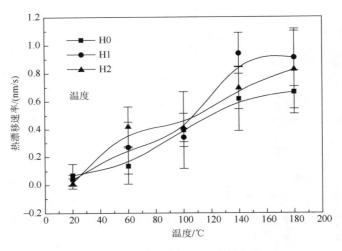

图 7-17　热漂移速率随温度的变化

7.3.2.2　准静态机械性能

图 7-18 和图 7-19 为不同温度下热处理及未处理木材 S2 层细胞壁弹性模量和硬度值,其中误差线代表样品的标准差。在室温到 100℃范围内,未处理材弹性模量和硬度随环境温度升高呈现出增加的趋势。这个增加趋势主要是由于温度上升过程中试样湿含量降低造成的。木材中水分的减少造成纤维素分子链和链段移动能力降低,最终造成弹性模量和硬度的提高。处理材本身含水率便低于未处理材,故热处理材硬度和弹性模量受环境温度影响较小。当测试温度升高到 160℃以上时,H0 未处理材硬度和弹性模量出现悬崖式降低,这其中包括木材细胞壁的软化过程和木材组分的温和热解(尤其是半纤维素的降解)。同时由于纳米压痕高温测试过程试样气体环境为空气,所以测试过程中还包含抽提物的氧化反应和木材组分热解产物的氧化过程。140℃和 180℃温度下 H0 硬度和弹性模量偏

差值较大也证明了木材细胞壁在此时经历着复杂的化学反应。换句话说，180℃的测试过程本身就可以看作是一种空气环境下的热处理过程。而 H1 和 H2 试样硬度和弹性模量表现出较小波动，表明高温（140～180℃）环境对热处理试样影响较小。即热处理材具有更好的耐高温能力，这是由于热处理过程使木材中半纤维素含量降低，纤维素界面发生再缩合，木质素通过交联反应形成网络结构的结果。

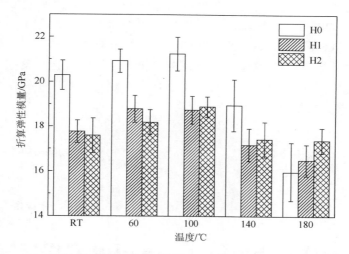

图 7-18　不同环境温度下热处理及未处理木材细胞壁的折算弹性模量

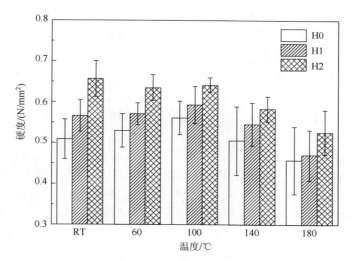

图 7-19　不同环境温度下热处理及未处理木材细胞壁的硬度

7.3.2.3　环境温度对蠕变性能的影响

通常木材在压缩应力下均会发生蠕变行为，与树种和材性变异、应力水平、温度、含水率等因素有关。通过纳米压痕峰值力保持（peak force holding）过程中记录的数据获得木材细胞壁的蠕变行为所需的参数。未处理材在不同环境温度下位移-时间曲线见图 7-20。加载初期压头压入深度快速增加，随后增加幅度渐渐放缓。这种蠕变行为包括瞬时弹性变形，之后是黏弹性变形以及黏性变性。由图 7-20 看出，环境温度对未处理材的蠕变行为产生了明显影响。未处理材最大的蠕变位移出现在室温环境下。180℃测试过程中，蠕变位移显著增加，同时产生了明显的波动。此时木材蠕变行为主要受温度影响，纤维素链移动能力随温度升高而加强，并且温度已达到并超过木材中半纤维素的软化温度，故其蠕变过程形成更大的位移[26]。

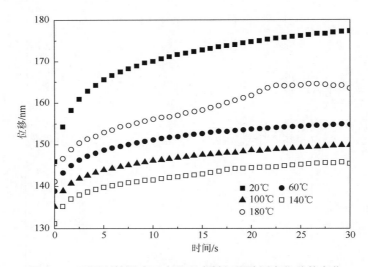

图 7-20　不同环境温度下未处理木材细胞壁蠕变位移的变化

木质/纤维素复合结构在高温环境下，纤维素分子链的链段运动被激活，自由体积逐步增大，分子链间开始滑移。无定形区的半纤维素和纤维素界面氢键被打断，释放水分子[27]。以上作用均促进了木材细胞壁高温下的蠕变行为。而 180℃下蠕变位移的增长与细胞壁的软化过程和木材组分温和降解过程有直接关系。

7.3.2.4　热处理过程对蠕变性能的影响

根据木材微观构造，木材细胞壁可以看作是复杂的纤维素增强复合材料，半纤维素及木质素基质包围着分层取向的微纤丝。纳米压痕主要施加于细胞壁的S2层——细胞壁中最厚的部分。图7-21为不同测试温度条件（20℃、60℃、100℃、140℃和180℃）下H0、H1和H2的蠕变柔量随时间变化曲线。同一测试温度下比较H0、H1和H2曲线，可明显看出热处理改变了木材细胞壁蠕变行为。图7-21中，室温下热处理木材细胞壁蠕变柔量较小。也就是说热处理过程能有效地减少木材细胞壁室温条件下的蠕变行为。室温到100℃下，H2展现出最小的蠕变柔量。当环境温度到达140℃时，H0和H2曲线出现了交叠。另外，H2在180℃时蠕变柔量最大，表明100℃后H2试样蠕变迅速增加。

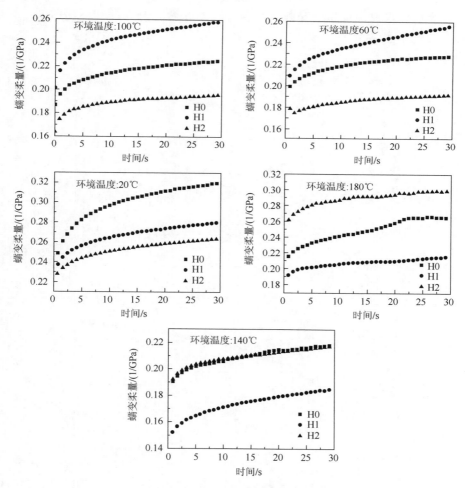

图 7-21 热处理对木材细胞壁蠕变柔量的影响

热处理作为复杂的物理改性工艺，涉及半纤维素的降解和改性[28]、无定形区纤维素的降解和结晶化以及木质素的缩聚反应[29, 30]等。经过热处理后,增强的木材细胞壁表现出更少的蠕变,这与木材细胞壁物质更紧密有直接关系。

7.3.2.5　Burgers 模型拟合

利用四元件 Burgers 模型模拟试验数据。图 7-22~图 7-24 为木材细胞壁蠕变柔量的试验数据,曲线为 Burgers 模型模拟的蠕变柔量。蠕变的拟合曲线表现出与试验数据极其良好的一致性,相关系数达到了 0.99。这说明 Burgers 模型适合预测木材细胞壁的蠕变行为。Burgers 模型的参数包括 E_1、E_2、η_1、η_2 和 τ_0,分别代表弹性模量、黏弹性模量、塑性系数、黏弹性和迟滞时间,这些蠕变系数列于表 7-3。

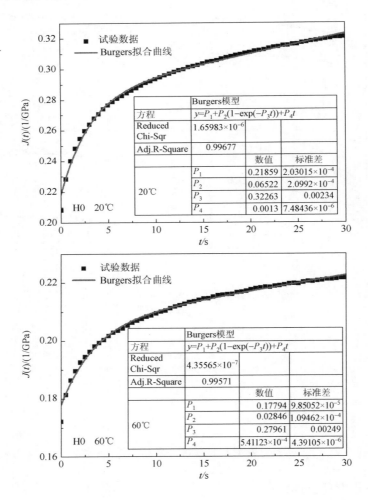

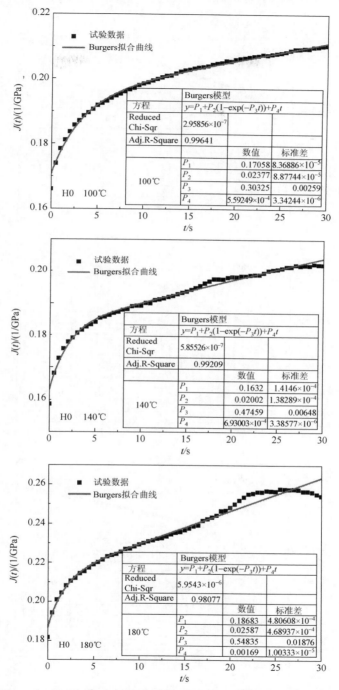

图 7-22 不同温度下未处理材细胞壁蠕变的试验数据与拟合曲线

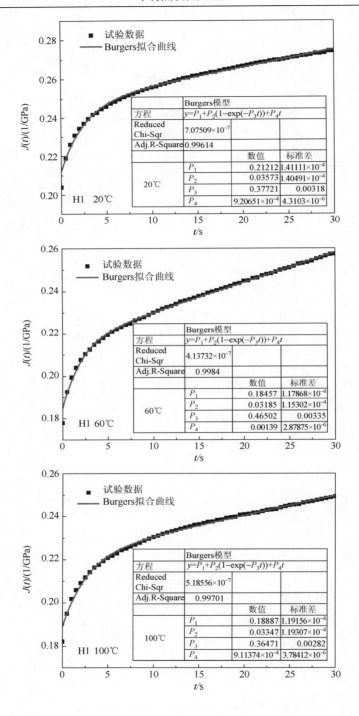

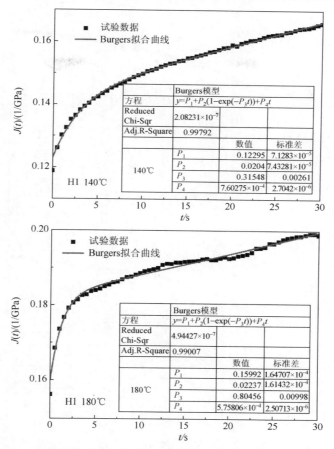

图 7-23 不同温度下热处理材 H1 细胞壁蠕变的试验数据与拟合曲线

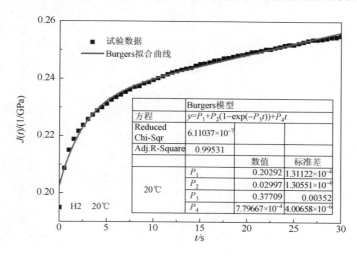

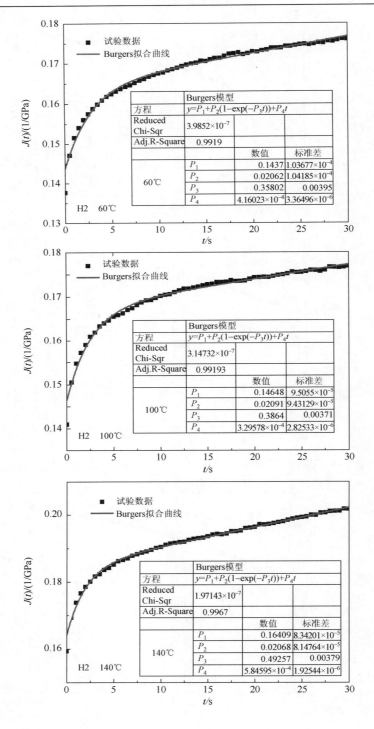

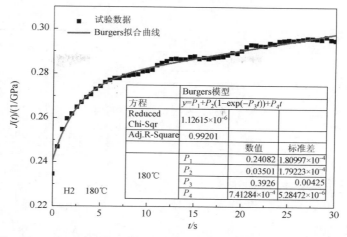

图 7-24　不同温度下热处理材 H2 细胞壁蠕变的试验数据与拟合曲线

表 7-3　不同环境温度下木材细胞壁 Burgers 模型的参数

温度	试样	Burgers 模型参数						Burgers 模型数学表达式
		E_1	E_2	η_1	η_2	R^2	τ	
20	H0	4.57	15.33	769.23	47.52	0.99677	3.1	$Y(t)=0.219+0.065\times(1-e^{-0.323\times t})$ $+1.30\times10^{-3}\times t$
	H1	4.71	27.99	1086.19	74.20	0.99614	2.65	$Y(t)=0.212+0.036\times(1-e^{-0.377\times t})$ $+9.21\times10^{-4}\times t$
	H2	4.93	33.37	1282.60	88.48	0.99531	2.65	$Y(t)=0.203+0.030\times(1-e^{-0.377\times t})$ $+7.80\times10^{-4}\times t$
60	H0	5.62	35.14	1848.01	125.66	0.99571	3.57	$Y(t)=0.178+0.028\times(1-e^{-0.280\times t})$ $+5.41\times10^{-4}\times t$
	H1	5.42	31.40	719.42	67.52	0.9984	2.15	$Y(t)=0.185+0.032\times(1-e^{-0.465\times t})$ $+1.39\times10^{-3}\times t$
	H2	6.96	48.50	2403.71	135.46	0.9919	2.79	$Y(t)=0.144+0.021\times(1-e^{-0.358\times t})$ $+4.16\times10^{-4}\times t$
100	H0	5.86	42.07	1788.11	138.73	0.99641	3.3	$Y(t)=0.171+0.024\times(1-e^{-0.303\times t})$ $+5.59\times10^{-4}\times t$
	H1	5.29	29.88	1097.24	81.92	0.99701	2.74	$Y(t)=0.189+0.033\times(1-e^{-0.365\times t})$ $+9.11\times10^{-4}\times t$
	H2	6.83	47.82	3034.18	123.77	0.99193	2.59	$Y(t)=0.146+0.021\times(1-e^{-0.386\times t})$ $+3.30\times10^{-4}\times t$
140	H0	6.13	49.95	1443.00	105.25	0.99209	2.11	$Y(t)=0.163+0.020\times(1-e^{-0.475\times t})$ $+6.93\times10^{-4}\times t$
	H1	8.13	49.02	1315.31	155.38	0.99792	3.17	$Y(t)=0.123+0.020\times(1-e^{-0.315\times t})$ $+7.60\times10^{-4}\times t$
	H2	6.09	48.36	1710.59	98.17	0.9967	2.03	$Y(t)=0.164+0.021\times(1-e^{-0.493\times t})$ $+5.85\times10^{-4}\times t$

温度	试样	Burgers 模型参数						Burgers 模型数学表达式
		E_1	E_2	η_1	η_2	R^2	τ	
180	H0	5.35	38.65	591.72	70.49	0.98077	1.82	$Y(t)=0.187+0.026\times(1-e^{-0.548\times t})+1.69\times10^{-3}\times t$
	H1	6.25	44.70	1736.70	55.56	0.99007	1.24	$Y(t)=0.160+0.022\times(1-e^{-0.805\times t})+5.76\times10^{-4}\times t$
	H2	4.15	28.56	1349.01	72.75	0.99201	2.54	$Y(t)=0.241+0.035\times(1-e^{-0.393\times t})+7.41\times10^{-4}\times t$

纳米压痕仪已大量应用于材料的微观蠕变行为研究[31, 32]，此研究表明纳米压痕技术可有效测试热处理木材的细胞壁蠕变行为。木材细胞壁的蠕变行为受热处理工艺和环境温湿度变化影响较大[26, 33]。室温环境下，热处理木材 Burgers 模型的参数 E_1、E_2、η_1、η_2 随热处理强度的提高而逐渐增加。热处理可以减少木材细胞壁蠕变行为。在准静态纳米压痕测试中热处理材也表现出同样的趋势。而当环境温度升高（60～140℃），未处理材弹性模量、黏弹性模量、塑性系数、黏弹性表现出明显的增加。测试温度为 180℃时，热处理及未处理试样的 Burgers 模型蠕变参数均大幅减小。同时未处理材细胞壁蠕变曲线出现了大幅的波动，这是由 180℃测试过程中木材组分出现的实时软化现象和热解反应造成的。相对于未处理材，热处理材 H2 在 180℃下蠕变曲线较为稳定，具有一定的耐高温特性。结果表明 Burgers 模型对未处理及热处理落叶松细胞壁的蠕变曲线进行了良好的拟合。Burgers 模型的拟合数据与试验数据之间的误差控制得较好。

7.4　保护介质对热处理木材细胞壁微观力学性能的响应机制

落叶松作为广泛种植于中国东北部地区的人工速生林树种，具有较强的适应性、高的成活率、较长的生长周期和较快的生长速度，并且极其耐寒。然而其较低的尺寸稳定性、大量的树脂和清淡的颜色使其应用范围受到影响。热处理改性工艺是一种温和的高温热解工艺，通过高温下半纤维素和无定形区的纤维素降解，木质素的缩合和再交联反应等改变木材细胞壁化学组分，木材结晶度增加和木质素的相对含量提高[34]。高温热处理使木材化学组分的变化最终造成处理材亲水性降低[35]，具有吸引人的高贵材色，具有更好的尺寸稳定性和耐久性[35-37]。之前研究表明质量损失率和主成分（C/O 比）是高温热处理强度重要的标记参数[38]。高温热处理后木材材性主要与热处理温度、热处理时间以及树种本身特性等有关。高温热处理造成的木材表面粗糙度[39]、化学组分及抽提物的变化已有大量研究[40, 41]。

近年来主要的高温热处理工业化工艺包括芬兰的 ThermoWood®、荷兰的 PlatoWood®、法国的 Ratification® 和德国的 Oil Heat Treatment®。以上这些工业化热处理工艺的主要区别是热处理的保护介质不同。在木材微观构造中，高温热处理工艺对木材细胞壁的机械性能产生显著影响，同时不同介质影响程度各不相同。Philip[42]研究了空气、氮气和氧气环境下150℃热处理火炬松（*Loblolly pine*）的绝干材、含水率为12%材以及湿材的物理和机械性能变化，结果表明氧气在热处理中所起作用与木材试样的湿含量有关，氧气的存在造成抗弯强度和抗弯弹性模量显著降低，而其对木材亲水性和密度影响不大。Bekir[43]研究了160℃、190℃、220℃热油及热空气改性处理山毛榉（Beech wood, *Fagus sylvatica*）的物理性能变化，油热处理后木材EMC、纤维饱和点以及湿含量均低于空气处理材，油热是一种有效的导热物质，并能隔绝样品与氧气接触。Candelier等[44]比较了真空和氮气保护热处理山毛榉，结果表明氮气保护下山毛榉木质素含量和碳元素含量较真空处理更高；同时氮气保护下木材抗弯强度（MOR）、抗弯弹性模量（MOE）以及Brinell硬度均低于真空热处理材。然而对于不同热处理保护介质造成的木材材性差异的研究仍非常稀少。

　　本节的主要目的是比较分析不同热处理保护介质氮气、空气、植物油和生物质燃气对木材失重率、细胞壁微观构造和微观机械性能的影响。

7.4.1　试验与测试方法

7.4.1.1　热处理工艺

　　分别使用4种介质进行高温热处理，分别是空气、氮气、生物质燃气和植物油。氮气下利用管式炉进行高温热处理，其中氮气载流速度为20mL/min，温度控制精度为±1℃。空气下同样利用管式炉，通入空气并设置空气载流速度为20mL/min，同样温度控制精度为±1℃。生物质燃气热处理为利用生物质燃气作为保护气体，具体处理过程在前面章节中已论述，此处不再赘述。菜籽油（Canola）作为油热处理的加热及保护介质，将木材试样浸渍于植物油液面以下，利用恒温加热平台进行加热，温度控制精度为±1℃。高温热处理工艺的具体参数见表7-4。

表 7-4　落叶松热处理工艺参数

试样	处理温度/℃	升温速率/（℃/h）	保温时间/h	保护介质
未处理材	—	—	—	—
N1	180	15	6	氮气
N2	210	15	6	氮气
A1	180	15	6	空气
A2	210	15	6	空气
O1	180	15	6	植物油
O2	210	15	6	植物油
B1	180	15	6	生物质燃气
B2	210	15	6	生物质燃气

7.4.1.2　样品质量损失率

通过 AX205 分析天平分别记录高温热处理前后木材试样质量,分析天平精度为 0.001mg。

质量损失率(ML):

$$ML=100\% \times (m_0-m_1)/m_0$$

式中,m_0 为烘箱干燥后木材试样的质量;m_1 为烘箱干燥并且高温热处理后试样的质量。

7.4.1.3　纳米压痕测试

纳米压痕测试方法及测试步骤已在准静态力学研究部分详述,这里不再赘述。

7.4.1.4　微观形貌分析

所有试样经过纳米压痕测试后,通过导电胶固定在标准铝样品台上,表面进行 140s 喷金处理(BAL-TEC SCD 005),加载电流 23mA。FEI Quanta 200 扫描电子显微镜(美国,俄勒冈州,Hillsboro)加速电压 10~15kV,测试温度为室温,真空度为 0.83Torr。

7.4.1.5　ATR-傅里叶变换红外光谱分析

傅里叶变换红外光谱仪(Waltham,MA,02451,USA)装备衰减全反射附件(FTIR-ATR)。木材试样进行 105℃常规干燥 24h 后直接进行测试。扫描 32 次,测试范围 4000~600cm^{-1},分辨率为 4cm^{-1}。

7.4.2　结果与讨论

7.4.2.1　质量损失率

在热处理工艺之前,所有试样均置于(103±2)℃的烘箱中进行常规干燥。质量损失率是高温热处理工艺中极其重要的参数,并且被广泛用于控制产品质量[45]。不同处理工艺下木材试样质量损失率的差异体现了高温热处理过程中木材组分的降解水平和热处理的强度。图 7-25 为三种加热介质下热处理材的质量损失率。工业化生物质燃气热处理质量损失率涉及申请专利,在此隐去。热处理材 N1 和 N2 中仅有 1.68%和 4.63%的质量损失率,其中损失主要来自挥发性抽提物的移除,纤维上的结合水解吸和木材聚合物的降解(特别是半纤维素)[46, 47]。而空气介质下,试样质量损失率最高,达 10.39%,这主要是由细胞壁物质的强烈热解和氧化反应造成的,同时形成复杂的氧化物,如 CO、CO_2、CH_4、CH_3COOH 等。油热处理下质量损失率均为负值,表明此过程中木材质量分别增加 34.14%和 21.48%,这证明热处理试样吸收大量植物油,并且随热处理过程渗入木材细胞壁间隙和细胞腔中。

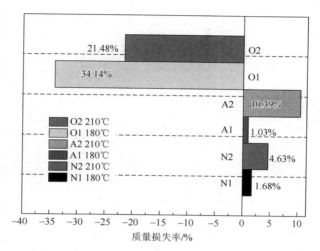

图 7-25   不同保护介质热处理材质量损失率

O 表示油热处理;A 表示空气热处理;N 表示氮气热处理

7.4.2.2   红外光谱分析

高温热处理造成的木材化学组分变化首先源自脱乙酰反应,随后在热解中释放的乙酸作为催化剂进一步促进木材解聚反应发生[48-50]。热处理过程中半纤维素发生降解同时也伴随着可接触羟基数量的减少[51]。热处理过程中木质素的流动性和反应活性增加。而在热处理完成后的冷却过程中,木质素发生缩合反应和交联反应。图 7-26 为落叶松试样热处理(210℃,6h)前后的傅里叶变换红外光谱图。表 7-5 为木材试样在 600~4000cm^{-1} 扫描范围内的 FTIR 特征峰。

图 7-26 中植物油热处理试样 FTIR 图谱中存在多个强吸收峰(2927cm^{-1},2854cm^{-1},1740cm^{-1},1267cm^{-1},1163cm^{-1}),在图中以圆圈标注,同时并没有在其他试样上出现。这几个特征峰正是甘油三酸酯脂肪酸的典型特征峰[52]。甘油三酸酯是热处理过程使用的植物油菜籽油的重要组分。在红外光谱图中,3336cm^{-1} 处对应着多糖和木质素的羟基伸缩振动,热处理材在此处表现出更宽更低的吸收峰。这主要是由于羟基的氧化、半纤维素乙酰基的热解以及脱水反应造成的纤维素结晶区变化造成的[53,54]。热处理过程中,木材组分中的半纤维素首先发生降解反应,1740cm^{-1} 处吸收峰的降低主要是由于乙酰基的断裂。而木材半纤维素作为木材细胞壁的基质物质发生降解反应,随之造成木材细胞壁形成裂纹,这些裂纹在 SEM

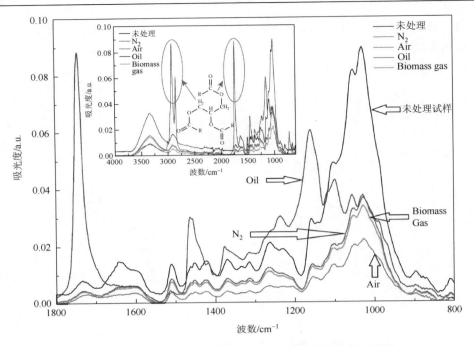

图 7-26　不同保护介质热处理木材的傅里叶变换红外光谱图

中可清晰观察到。1603cm⁻¹ 和 1508cm⁻¹ 处的吸收峰对应木质素中苯环的碳骨架结构振动[10, 55]，这些峰变宽表明木质素的芳香环结构多样性增加，故吸收频率范围变大。1267cm⁻¹ 处羰基吸收峰强度轻微下降表明半纤维素和木质素中的乙酰基发生断裂[56]。896cm⁻¹ 处对应纤维素和半纤维素的反对称面外伸缩振动，随半纤维素的解聚反应逐渐减小[10, 53]。在高温热处理过程中，木材中木质素和半纤维素的结构发生明显变化，同时有大量羰基形成[57]。氮气热处理与生物质燃气热处理后木材 FTIR 图谱基本相同，表明处理后木材组分基本一致。与隔绝氧气的植物油热处理、氮气和生物质燃气热处理不同，木材试样的空气热处理过程有氧气的参与，在红外光谱上体现出明显差异。较其他试样，空气热处理试样 FTIR 吸收峰的降低幅度更大。这表明试样中的半纤维素和木质素发生更严重的热裂解、劣化反应和氧化反应。

表 7-5　落叶松木材 FTIR 吸收特征峰

波数/cm⁻¹	官能团	振动类型
3336	醇类、酚类和酸类的 O—H	O—H 伸缩振动
2900	CH₂，CH 和 CH₃	C—H 伸缩振动
1740	酯类、酮类、醛类和酸类的 C═O	C═O 伸缩振动
1603	芳环（紫丁香基木质素）	苯环伸缩振动
1508	芳环（愈创木基木质素）	苯环伸缩振动

续表

波数/cm^{-1}	官能团	振动类型
1425	C—H 和芳环	苯环骨架和 C—H 变形振动
1373	C—H（纤维素和半纤维素）	C—H 弯曲振动
1317	O—H（纤维素和半纤维素）	面内弯曲振动
1267	CO—OR（半纤维素酰氧基）；芳环醚（木质素）	CO—OR 伸缩振动
1155	C—O—C	C—O—C 伸缩振动
1049	C—O，C—H（愈创木基）	C—O、C—H 面内环非对称缩振动
1018	C—O—C	C—O 变形振动
896	吡喃糖环	吡喃糖环的反对称面外伸缩振动
806	C—H	甘露聚糖和木质素的 C—H 平面弯曲振动

7.4.2.3 微观结构分析

在图 7-27（a）中，基于扫描电子显微镜的观察，在横切面上未处理材展现出完整的细胞结构和完好的胞间层。对于氮气热处理试样，细胞壁上仅出现了一些微小裂痕，但细胞壁仍保持良好质量，见图 7-27（b）。图 7-27（c）中空气热处理 A2 试样细胞壁 S1、S2 层径向和弦向出现严重受损，同时复合胞间层也出现明显的劣化，这也造成空气热处理材脆性更大。高温下木材组分的氧化反应严重劣化了木材细胞壁的结构，影响木制品的质量品质。这也是高温热处理工艺中应用各种方法（油、氮气、蒸汽、真空、生物质燃气等）隔绝空气的原因所在。质量损失率和红外光谱分析均证明油热处理中的植物油已进入木材细胞内。随着热处理过程中木材细胞壁吸收甘油三酸酯，处理材细胞壁结构保持完好同时可观察到胞间层物质的移动。图 7-27（d）表明植物油 Canola 已渗透到木材细胞壁和壁层间，在细胞壁切面上也存在油脂类物质。生物质燃气热处理材细胞壁结构形态与未处理材一致，细胞壁上仅出现少量裂痕，CML 与细胞壁间也形成了少许裂缝。由图 7-27（e）看出，生物质燃气热处理材具有类似于氮气处理材的细胞形态，细胞结构保持完好，但热处理材也形成了一些裂痕。

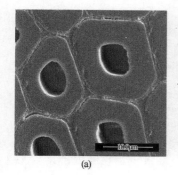
(a)

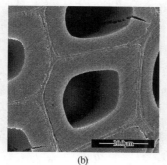
(b)

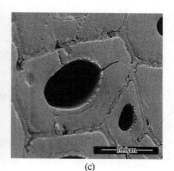
(c)

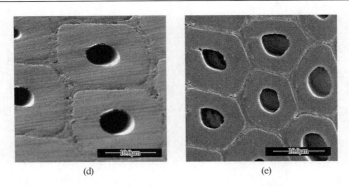

(d)　　　　　　　　　　　　　(e)

图 7-27　不同保护介质热处理及未处理木材的扫描电子显微镜图

（a）未处理材；（b）氮气；（c）空气；（d）热油；（e）生物质燃气

7.4.2.4　热处理材细胞壁弹性模量

图 7-28 和图 7-29 为扫描探针显微镜记录木材样品横截面的表面形态图。其图 7-28 为扫描探针显微镜（SPM）在扫描样品表面时记录 x 轴、y 轴和表面高度数据，经过电脑后期计算绘图合成的高度 3D SPM 图。图 7-29 为 SPM 扫过样品表面同时记录下压头（tip）压力传感器数据，通过计算机绘制成细胞壁压力 3D SPM 图。

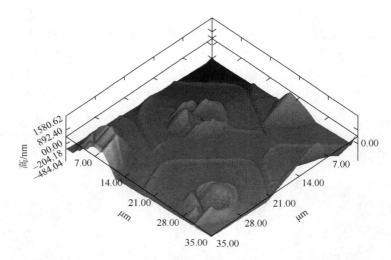

图 7-28　落叶松木材细胞壁扫描探针显微镜高度 3D 图

由第 6 章热处理材化学组分变化及处理材微观形态变化，低强度/高强度下热处理造成木材半纤维素降解，纤维素更密实化，木质纤维素复合材料内部结合力增强等，木材细胞壁层结构变化示意图见图 7-30。

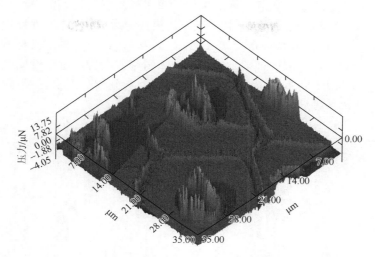

图 7-29 落叶松木材细胞壁扫描探针显微镜压力 3D 图

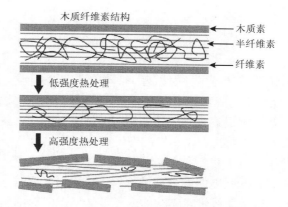

图 7-30 氮气热处理前后木材细胞壁结构变化示意图

　　而随着热处理强度的增加，绝大部分的半纤维已清除，纤维素链出现断裂并且木质素经历复杂的缩合和交联反应。不同介质热处理木材试样 S2 层细胞壁折算弹性模量见图 7-31。180℃氮气热处理 N1 折算弹性模量和未处理材基本一致；氮气处理 N2 处理材弹性模量略有降低，仅由 20.39GPa 降至 19.71GPa。生物质燃气热处理后 B1 试样弹性模量略微提高，由 20.39GPa 增加至 20.98GPa，主要是由于处理材结晶度提高，微纤丝角减小、木质素的自然凝结和木质素中芳香环的交联反应[13, 58]。空气热处理试样 A1 弹性模量增加幅度最大，增加至 21.71GPa。这可能与空气热处理过程木材组分形成的氧化物有关。而对于 A2，木材细胞壁发生严重的氧化反应从而造成细胞壁严重的劣化，在木材微观结构分析中也有得到相同的结果。故 A2 弹性模量较 A1 显著降低。油热处理后试样 O1 的弹性模量几乎没有变化。而 O2 试样的弹性模量大幅度降低，降幅接近 8%，同时其标准偏差也明显增大。一方面，热处理过程中植物油渗入木材细胞内部和细胞壁间隙，造成细胞壁物质间移动阻力减小；另一方面，210℃油热处理破坏了部分结晶区的纤维素，最终造成弹性模量大幅降低。

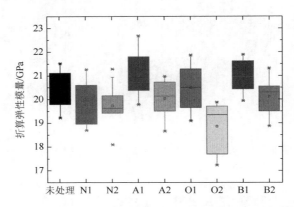

图 7-31　不同热处理介质落叶松木材细胞壁的折算弹性模量

　　木材细胞壁的弹性模量与多种因素有关，如纤维素微纤丝角、木材湿含量以及细胞壁化学组分等[3, 9, 59]。在木材细胞壁主要组分中，纤维素主要决定轴向的折算弹性模量[58]。热处理造成木材半纤维素和非结晶区的纤维素降解，从而形成取向性更好的纤维素晶体结构和木质素的三维交联网络结构[60]。根据 Zaman 等关于木材细胞壁化学成分的研究[13, 61, 62]，热处理前后木材细胞壁的木质纤维素结构变化示意图见图 7-30。低强度的热处理过程仅造成木材半纤维素的降解和纤维素的密实化，从而增强了木质纤维素结构的内部结合，此时对细胞壁中的木质素结构影响较小[63]。而在高强度的热处理过程中，纤维素链的断裂和木质素的改性较为明显。由扫描电子显微镜分析，空气热处理造成细胞壁更大范围的破坏，这与热处理过程中空气的参与有直接关系。这样的细胞壁严重破坏，其弹性模量降低。质量损失率和红外分析证明了油热处理中，植物油 Canola 进入了木材细胞壁和细胞腔中。渗透进的油使微纤丝相互间的滑移更加容易，从而降低了油热处理木材细胞壁的弹性模量。

7.4.2.5　热处理材细胞壁硬度

　　不同介质高温热处理前后 S2 层细胞壁的硬度见图 7-32。整体上来说，所有的热处理过程均提高了细胞壁的硬度，与之前的研究结果趋势一致[59]。这主要是热处理后木材细胞壁微纤丝排列和基质物质变化造成的[11, 58]。如图 7-30 所示，高温热处理作为温和的热解反应使纤维素更紧实，木质素排列发生变化，同时纤维素与木质素之间联系增加[64]，这也就形成了新的木质素网络结构[65, 66]。氮气和生物质燃气作为保护气体的热处理材细胞壁硬度均有提升，由 $0.51N/mm^2$ 增加至 $0.57\sim0.59N/mm^2$，同时硬度的偏差值相对较小。对于空气热处理材 A1、A2，硬度的提高可能与热处理过程形成的氧化物有关。A2 硬度值的偏差已达到本身硬度值的 22.8%，这与处理材细胞壁大量裂痕有关，与 SEM 观察的结果一致。油热处理 O1 样品硬度提高到 $0.59N/mm^2$，并且硬度值波动范围很小。而 O2 试样硬度值出现极大波动，与其弹性模量较大波动的原因相似，主要是由植物油进入细胞壁和木材组分的大量降解造成的。因此利用油热处理材时，应尽量控制处理温度以达到减少木材力学性能损失的目的。

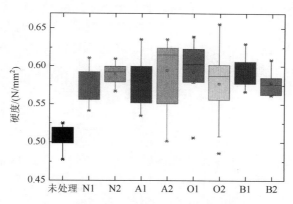

图 7-32　不同热处理介质落叶松木材细胞壁的硬度

7.4.2.6　蠕变行为

为研究纳米压痕测试过程中的蠕变参数，通过常规的纳米压痕测试加载力保持（holding force）阶段记录位移-加载力数据。早在 1990 年 Mayo 等已经通过此方法研究了材料的黏弹性行为[67]，随后出现大量报道[68-71]。不同保护介质下热处理材纳米压痕的蠕变率见图 7-33。

在相同的加载力方程（load function）和最大加载力（peak force）下，热处理后木材试样蠕变率明显小于未处理材。蠕变率与试样细胞壁的硬度有关，随试材细胞壁硬度的提高而减小。横向比较四种不同热处理材，植物油油热处理材（O1 和 O2）测试结果表现出较大标准偏差，这主要是由于植物油在热处理过程中渗入木材细胞内部以及细胞壁间隙，增加了细胞壁物质间移动的可能性。氮气热处理材

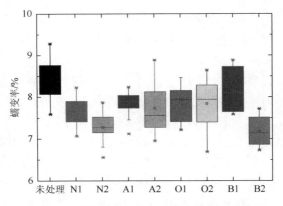

图 7-33　不同热处理工艺下木材细胞壁的蠕变率

蠕变率稳步降低，与 7.2 节中室温下的试验结果一致。空气热处理材 O2 表现出的蠕变率波动与其细胞壁大量裂痕有关，故热处理工艺应尽量选择乏氧或无氧的环境进行。生物质燃气处理材 B1 与未处理材蠕变率相当，而 B2 显著降低。热处理工艺能有效减小木材细胞壁的蠕变行为，这与热处理后的细胞壁物质重排、木质素的缩合和交联反应有关[7, 28]。

7.5　本 章 小 结

（1）室温下热处理后木材细胞壁的硬度有所提高。高温环境下热处理材细胞壁硬度明显更稳定，同时高温下热处理材细胞壁的蠕变率降低。高温热处理提高了木材细胞壁的热稳定性。

（2）纳米压痕测试克服了固有的室温测试的限制，经过合理的温度平衡处理，可用于测试高温条件下的微观蠕变行为。热处理木材细胞壁硬度显著提高和蠕变率更低。热处理材机械性能的改善主要是由木质纤维素结构的再缩合和交联反应以及纤维素结晶性提高造成的。

（3）经过验证，Burgers 模型拟合蠕变行为的参数对环境温度变化很敏感。Burgers 模型可以良好地拟合热处理木材细胞壁蠕变在温度响应下的变化。

（4）纳米压痕仪峰值力保持阶段的蠕变研究也证明了高温下木材组分的软化现象，同时也证明 Burgers 模型用以研究木材细胞壁黏弹性蠕变行为是恰当的。

（5）随处理温度的升高，木材降解反应逐渐增强。而由于植物油浸渍入木材试样，油热处理后试样的质量明显增加。傅里叶变换红外光谱仪分析也发现油热处理试样中存在大量甘油三酸酯。

（6）高温热处理造成一系列复杂的化学反应：脱乙酰化反应、解聚反应、交联反应和再缩合反应等。半纤维素作为木材组分中的基质物质，在高温热处理中发生严重降解反应，造成木材细胞壁形成裂痕。氮气和生物质燃气热处理材细胞壁出现少量细小裂痕，而空气下热处理细胞壁产生更多、更严重的裂痕。

（7）高温热处理在一定程度上提高了木材细胞壁硬度，这主要归因于半纤维素的降解、木质素的交联反应等形成新的木质素-纤维素网络结构。

（8）不同热处理介质下木材细胞壁的蠕变行为差异不大，但总体上高温热处理能降低木材的蠕变行为，这是热处理材的另一个特性。

参 考 文 献

[1] Åkerholm M, Salmén L. The oriented structure of lignin and its viscoelastic properties studied by static and dynamic FT-IR spectroscopy[J]. Holzforschung, 2003, 57 (57): 459-465.

[2] Ranta-Maunus A. The viscoelasticity of wood at varying moisture content[J]. Wood Science & Technology, 1975, 9 (9): 189-205.

[3] Wu Q, Meng Y, Concha K, et al. Influence of temperature and humidity on nano-mechanical properties of cellulose nanocrystal films made from switchgrass and cotton[J]. Industrial Crops & Products, 2013, 48 (3): 28-35.

[4] Bhuiyan M T R, Hirai N, Sobue N. Changes of crystallinity in wood cellulose by heat treatment under dried and moist conditions[J]. Journal of Wood Science, 2000, 46 (6): 431-436.

[5] Hill C A S. Wood modification: chemical, thermal and other processes[M]. West Sussex: John Wiley & Sons, 2006.

[6] 孙伟伦, 李坚. 高温热处理落叶松木材尺寸稳定性及结晶度分析表征[J]. 林业科学, 2010, 46 (12): 114-118.

[7] Brandt B, Zollfrank C, Franke O, et al. Micromechanics and ultrastructure of pyrolysed softwood cell walls[J]. Acta Biomaterialia, 2010, 11 (11): 4345-4351.

[8] Ben D B, James F S. High-temperature nanoindentation testing of fused silica and other materials[J]. Philosophical Magazine A, 2002, 82 (10): 2179-2186.

[9] Bhushan B, Li X. Nanomechanical characterisation of solid surfaces and thin films[J]. International Materials Reviews, 2003, 48 (3): 125-164.

[10] Tuong V M, Li J. Changes caused by heat treatment in chemical composition and some physical properties of acacia hybrid sapwood[J]. Holzforschung, 2011, 65 (1): 67-72.

[11] Wang X, Deng Y, Wang S, et al. Evaluation of the effects of compression combined with heat treatment by nanoindentation (NI) of poplar cell walls[J]. Holzforschung, 2014, 68 (2): 167-173.

[12] Xing D, Li J. Effects of Heat treatment on thermal decomposition and combustion performance of *Larix* spp. wood[J]. Bioresources, 2014, 9 (3), 4274-4287.

[13] Andersson S, Serimaa R, Väänänen T, et al. X-ray scattering studies of thermally modified Scots pine (*Pinus sylvestris* L.) [J]. Holzforschung, 2005, 59 (4): 422-427.

[14] Bergander A, Salmén L. Cell wall properties and their effects on the mechanical properties of fibers[J]. Journal of Material Science, 2002, 37 (1), 151-156.

[15] Yildiz S, Gezer E D, Yildiz U C. Mechanical and chemical behavior of spruce wood modified by heat[J]. Building & Environment, 2006, 41 (12): 1762-1766.

[16] Kasemsiri P, Hiziroglu S, Rimdusit S. Characterization of heat treated eastern redcedar (*Juniperus virginiana* L.) [J]. Journal of Materials Processing Technology, 2012, 212 (6): 1324-1330.

[17] Li Y, Yin L, Huang C, et al. Quasi-static and dynamic nanoindentation to determine the influence of thermal treatment on the mechanical properties of bamboo cell walls[J]. Holzforschung, 2014, 69 (7): 909-914.

[18] Rowell R M, Ibach R E, McSweeny J, et al. Understanding decay resistance, dimensional stability and strength changes in heat-treated and acetylated wood[J]. Wood Material Science & Engineering, 2009, 4 (1-2): 14-22.

[19] Guo J, Song K, Salmén L, et al. Changes of wood cell walls in response to hygro-mechanical steam treatment[J]. Carbohydrate Polymers, 2015, 115: 207-214.

[20] Fischer-Cripps A C. A simple phenomenological approach to nanoindentation creep[J]. Materials Science & Engineering A, 2004, 385 (1-2): 74-82.

[21] Gril J, Hunt D, Thibaut B. Using wood creep data to discuss the contribution of cell-wall reinforcing material[J]. Comptes Rendus Biologies, 2004, 327 (9-10): 881-888.

[22] 程万里, 刘一星, 师冈敏朗. 高温高压蒸汽条件下木材的拉伸应力松弛[J]. 北京林业大学学报, 2007, 29 (4): 84-89.

[23] 唐晓淑. 热处理变形固定过程中杉木压缩木材的主成分变化及化学应力松弛[D]. 北京: 北京林业大学, 2004.

[24] 赵钟声, 刘一星, 沈隽. 落叶松、杨木热处理材及压缩材热动态力学特性分析[J]. 东北林业大学学报, 2008, 36 (4): 17-19.

[25] Shepherd T N, Zhang J, Ovaert T C, et al. Direct comparison of nanoindentation and macroscopic measurements of bone viscoelasticity[J]. Journal of the Mechanical Behavior of Biomedical Materials, 2011, 4 (8): 2055-2062.

[26] Meng Y, Xia Y, Young T M, et al. Viscoelasticity of wood cell walls with different moisture content as measured by nanoindentation[J]. Rsc Advances, 2015, 5 (59): 47538-47547.

[27] Mtr B, Hirai N. Study of crystalline behavior of heat-treated wood cellulose during treatments in water[J]. Journal of Wood Science, 2005, 51 (1): 42-47.

[28] Stanzl-Tschegg S, Beikircher W, Loidl D. Comparison of mechanical properties of thermally modified wood at growth ring and cell wall level by means of instrumented indentation tests[J]. Holzforschung, 2009, 63 (4): 443-448.

[29] Marcio R S, José O B, José S G, et al. Chemical and mechanical properties changes in corymbia citriodora wood submitted to heat treatment[J]. International Journal of Materials Engineering, 2015, 5 (4): 98-104.

[30] Zickler G A, Schöberl T, Paris O. Mechanical properties of pyrolysed wood: A nanoindentation study[J]. Philosophical Magazine, 2006, 86 (10): 1373-1386.

[31] Fu X U, Long Z L, Deng X H, et al. Loading rate sensitivity of nanoindentation creep behavior in a Fe-based bulk metallic glass[J]. Transactions of Nonferrous Metals Society of China, 2013, 23 (6): 1646-1651.

[32] Chen Y H, Huang J C, Wang L, et al. Effect of residual stresses on nanoindentation creep behavior of Zr-based bulk metallic glasses[J]. Intermetallics, 2013, 41 (10): 58-62.

[33] Mukudai J, Yata S. Modeling and simulation of viscoelastic behavior (tensile strain) of wood under moisture change[J]. Wood Science & Technology, 1986, 20 (4): 335-348.

[34] Süleyman K, Mehmet A, Turker D. The effects of heat treatment on some technological properties of Scots pine (Pinus sylvestris L.) wood. Bioresource Technology, 2008, 99 (6): 1861-1868.

[35] Eseltine D, Thanapal S S, Annamalai K, et al. Torrefaction of woody biomass (Juniper and Mesquite) using inert and non-inert gases[J]. Fuel, 2013, 113 (2): 379-388.

[36] González-Peña M M, Hale M D C. Colour in thermally modified wood of beech, Norway spruce and Scots pine. Part 1: Colour evolution and colour changes. Holzforschung, 2009, 63 (4): 385-393.

[37] Esteves B, Velez M A, Domingos I, et al. Chemical changes of heat treated pine and eucalypt wood monitored by

FTIR[J]. Maderas. Ciencia y tecnología, 2012, 15（2）：245-258.

[38]　Mohammed H, Mathieu P, André Z, et al. Investigation of wood wettability changes during heat treatment on the basis of chemical analysis[J]. Polymer Degradation and Stability, 2005, 89：1-5.

[39]　Unsal O, Ayrilmis N. Variations in compression strength and surface roughness of heat-treated Turkish river red gum（*Eucalyptus camaldulensis*）wood[J]. Journal of Wood Science, 2005, 51（4）：405-409.

[40]　Das S, Saha A K, Choudhury P K, et al. Effect of steam pretreatment of jute fiber on dimensional stability of jute composite[J]. Journal of Applied Polymer Science, 2000, 76（11）：1652-1661.

[41]　Kocaefe D, Saha S. Comparison of the protection effectiveness of acrylic polyurethane coatings containing bark extracts on three heat-treated North American wood species：Surface degradation[J]. Applied Surface Science, 2012, 258（13）：5283-5290.

[42]　Philip H M. Irreversible property changes of small loblolly pine specimens heated in air, nitrogen, or oxygen[J]. Wood and fiber science, 1988, 20（3）：320-335.

[43]　Bekir C B. Physical properties of beech wood thermally modified in hot oil and in hot air at various temperatures[J]. Maderas Ciencia Y Tecnologia, 2015, 17（4）：789-798.

[44]　Candelier K, Dumarçay S, Pétrissans A, et al. Comparison of mechanical properties of heat treated beech wood cured under nitrogen or vacuum[J]. Polymer Degradation & Stability, 2013, 98（9）：1762-1765.

[45]　王洁瑛, 赵广杰, 中野隆人. 热处理过程中杉木压缩木材的材色及红外光谱[J]. 北京林业大学学报, 2001, 23（1）：59-64.

[46]　Almeida G, Santos D V B, Perré P. Mild pyrolysis of fast-growing wood species（Caribbean pine and Rose gum）：Dimensional changes predicted by the global mass loss[J]. Biomass & Bioenergy, 2014, 70：407-415.

[47]　Sandak A, Sandak J, Allegretti O. Quality control of vacuum thermally modified wood with near infrared spectroscopy[J]. Vacuum, 2015, 114：44-48.

[48]　Thurner F, Mann U. Kinetic investigation of wood pyrolysis[J]. Industrial & Engineering Chemistry Process Design & Development, 2002, 20（3）：482-488.

[49]　Manninen A M, Pasanen P, Holopainen J K. Comparing the VOC emissions between air-dried and heat-treated Scots pine wood[J]. Atmospheric Environment, 2002, 36（11）：1763-1768.

[50]　Tjeerdsma B F, Boonstra M, Pizzi A, et al. Characterisation of thermally modified wood：molecular reasons for wood performance improvement[J]. Holz als Roh-und Werkstoff, 1998, 56（3）：149-153.

[51]　Weiland J J, Guyonnet R. Study of chemical modifications and fungi degradation of thermally modified wood using DRIFT spectroscopy[J]. Holz als Roh-und Werkstoff, 2003, 61（3）：216-220.

[52]　Hernández-Martínez M, Gallardo-Velázquez T, Osorio-Revilla G, et al. Prediction of total fat, fatty acid composition and nutritional parameters in fish fillets using MID-FTIR spectroscopy and chemometrics[J]. Lebensmittel-Wissenschaft und-Technologie, 2013, 52（1）：12-20.

[53]　Kotilainen R A, Toivanen T, Alén R J. FTIR monitoring of chemical changes in softwood during heating[J]. Journal of Wood Chemistry & Technology, 2000, 20（3）：307-320.

[54]　González-Peña M M, Curling S F, Hale M D C. On the effect of heat on the chemical composition and dimensions of thermally-modified wood[J]. Polymer Degradation & Stability, 2009, 94（12）：2184-2193.

[55]　Pandey K K. A study of chemical structure of soft and hardwood and wood polymers by FTIR spectroscopy[J]. Journal of Applied Polymer Science, 1999, 71（12）：1969-1975.

[56]　孙伟伦, 许民. 基于生物质燃气介质下的落叶松热处理木材的制备技术[J]. 国际木业, 2013, （6）：24-27.

[57]　Evans P A. Differentiating "hard" from "soft" woods using Fourier transform infrared and Fourier transform Raman spectroscopy[J]. Spectrochimica Acta Part A: Molecular Spectroscopy, 1991, 47 (9), 1441-1447.

[58]　Xing D, Li J, Wang X, et al. *In situ* measurement of heat-treated wood cell wall at elevated temperature by nanoindentation[J]. Industrial Crops and Products, 2016, 87: 142-149.

[59]　Gindl W, Gupta H S, Schöberl T, et al. Mechanical properties of spruce wood cell walls by nanoindentation[J]. Applied Physics A, 2004, 79 (8): 2069-2073.

[60]　Mitsui K, Tsuchikawa T L. Monitoring of hydroxyl groups in wood during heat treatment using NIR spectroscopy[J]. Biomacromolecules, 2008, 9 (1): 286-288.

[61]　Zaman A, Alén R, Kotilainen R. Thermal behavior of scots pine(*Pinus sylvestris*)and silver birch(*Betula pendula*) at 200-230℃.[J]. Wood & Fiber Science, 2000: 138-143.

[62]　Sanderman W, Augustin H. Chemical investigations on the thermal decomposition of wood. Part I: Stand of research[J]. Holz als Roh-und Werkstoff, 1963, 21: 256-265.

[63]　Pelaez-Samaniego M R, Yadama V, Lowell E, et al. Erratum to: A review of wood thermal pretreatments to improve wood composite properties[J]. Wood Science & Technology, 2013, 47 (6): 1321-1322.

[64]　Korkut S. Performance of three thermally treated tropical wood species commonly used in Turkey[J]. Industrial Crops & Products, 2012, 36 (1): 355-362.

[65]　Menezzi C H S D, Souza R Q D, Thompson R M, et al. Properties after weathering and decay resistance of a thermally modified wood structural board[J]. International Biodeterioration & Biodegradation, 2008, 62 (4): 448-454.

[66]　Esteves B, Graça J, Pereira H. Extractive composition and summative chemical analysis of thermally treated eucalypt wood[J]. Holzforschung, 2008, 62 (3): 344-351.

[67]　Mayo M J, Siegel R W, Narayanasamy A, et al. Mechanical properties of nanophase TiO_2 as determined by nanoindentation[J]. Journal of Materials Research, 1990, 5 (5): 1073-1082.

[68]　Goodall R, Clyne T W. A critical appraisal of the extraction of creep parameters from nanoindentation data obtained at room temperature[J]. Acta Materialia, 2006, 54 (20): 5489-5499.

[69]　Song M, Liu Y, He X, et al. Nanoindentation creep of ultrafine-grained Al_2O_3 particle reinforced copper composites[J]. Materials Science & Engineering A, 2013, 560: 80-85.

[70]　Peng G, Yi M, Feng Y, et al. Nanoindentation creep of nonlinear viscoelastic polypropylene[J]. Polymer Testing, 2015, 43: 38-43.

[71]　Taffetani M, Gottardi R, Gastaldi D, et al. Poroelastic response of articular cartilage by nanoindentation creep tests at different characteristic lengths[J]. Medical Engineering & Physics, 2014, 36 (7): 850-858.